全国职业教育"十三五"规划教材

电子技术实践与训练

主　编　杨定成

副主编　林　哲　熊邦国　穆春林

主　审　卜令涛

北京交通大学出版社

·北京·

内 容 简 介

本书是高职高专电类专业电子技术系列课程实践教学的配套教材。

全书共设计三个教学单元。第 1 单元为"电子电路基础实训",只选编了模拟电子技术和数字电子技术中各两个典型的实训项目,可以作为这两门课程的实训补充,主要目的是复习模电、数电课程中的基本实验,掌握面包板的插接技能、常用电子仪器的使用方法及电子电路的调试技能。第 2 单元"电子技术实践训练"为本书的核心,共选编了 22 个独立实训项目,采取先易后难、先简后繁的原则,让学生在规定时间内独立完成对电路的认识,对电子元器件的准备、安装与调试,把基本技能的培养融于电子电路的组装、调试过程之中,逐步提高学生分析问题和解决问题的实际能力。第 3 单元"电子技术综合实践训练"共选编 6 个独立实训项目,使学生能根据电路功能要求来选择、设计电路,并通过安装与调试来检验理论设计的成果,使学生的实践动手能力上升到解决工程实际问题的高度。附录部分主要是为学生在使用本教材进行训练时提供必要的仪器使用知识和选择电子器件的必备资料。

图书在版编目(CIP)数据

电子技术实践与训练 / 杨定成主编. —北京:北京交通大学出版社,2018.12

ISBN 978-7-5121-3788-2

Ⅰ. ① 电… Ⅱ. ① 杨… Ⅲ. ① 电子技术–高等职业教育–教学参考资料 Ⅳ. ① TN

中国版本图书馆 CIP 数据核字(2018)第 258016 号

电子技术实践与训练
DIANZI JISHU SHIJIAN YU XUNLIAN

策划编辑:陈跃琴 都 成 责任编辑:陈跃琴
出版发行:北京交通大学出版社 电话:010-51686414 http://www.bjtup.com.cn
地　　址:北京市海淀区高梁桥斜街 44 号 邮编:100044
印 刷 者:三河市华骏印务包装有限公司
经　　销:全国新华书店
开　　本:185 mm×260 mm 印张:11.5 字数:288 千字
版　　次:2018 年 12 月第 1 版 2018 年 12 月第 1 次印刷
书　　号:ISBN 978-7-5121-3788-2/TN·121
印　　数:1~2 500 册 定价:35.00 元

本书如有质量问题,请向北京交通大学出版社质监组反映。对您的意见和批评,我们表示欢迎和感谢。
投诉电话:010-51686043,51686008;传真:010-62225406;E-mail:press@bjtu.edu.cn。

前　　言

　　《电子技术实践与训练》是高职高专电类专业电子技术系列课程实践教学的配套教材。电子技术是一门实践性很强的课程，注重学生在应用电子技术方面的基本技能的培养，是保证学生学好这一系列课程的重要教学环节。

　　本书内容的编排共分三个层次，即三个教学单元。第1单元为"电子电路基础实训"，只选编了模拟电子技术和数字电子技术中各两个典型的实训项目，可以作为这两门课程的实训补充，主要目的是复习模电、数电课程中的基本实验，掌握面包板的插接技能、常用电子仪器的使用方法及电子电路的调试技能。第2单元"电子技术实践训练"为本书的核心，以课程为媒介，共选编了22个独立实训项目，采取先易后难、先简后繁的原则，让学生在规定时间内独立完成对电路的认识，对电子元器件的准备、安装与调试，把基本技能的培养融于电子电路的组装、调试过程之中，逐步提高学生分析问题和解决问题的实际能力。第3单元"电子技术综合实践训练"共选编6个独立实训项目，使学生能根据电路功能要求来选择、设计电路，并通过安装与调试来检验理论设计的成果，使学生的实践动手能力上升到解决工程实际问题的高度。附录部分的内容主要是为学生在使用本教材进行训练时提供必要的仪器使用知识和选择电子器件的必备资料。

　　本书作为电子技术系列课程实践教学的配套教材，以突出实践能力的培养为主线，以工程实践内容为重点，所选实验均要求在规定时间内完成在面包板上的组装、调试。

　　本书内容的编排注重可选择性，适用于不同专业、不同学时及不同的训练方式，既可以与模电、数电理论教学同步进行，也可以单独设课，或用于实训周教学，第3单元还可以作为电子技术课程设计教学参考内容，学生可以借助本书开展课外科技活动。

　　本书由浙江东方职业技术学院杨定成担任主编，林哲、熊邦国、穆春林担任副主编。本书由浙江东方职业技术学院卜令涛副教授主审，他对全书进行了认真、仔细的审阅，提出了许多具体、宝贵的意见，在此表示诚挚的感谢。

　　由于编者的水平有限，加之时间仓促，书中难免存在一些错误或不妥之处，请广大读者批评、指正。

编者

2018.10

目　　录

第 1 单元

电子电路基础实训

　　本单元设计模拟电子技术、数字电子技术典型实训项目共4个，目的有二：一是通过这几个基础实训项目，进一步巩固学生的模电、数电实验技能；二是让学生熟悉面包板的结构，培养其面包板接插技能及电子电路实验中常用电子仪器的使用方法和调试技术。

实训 1.1　集成门电路特性测试

1. 实训目的

（1）掌握面包板的结构，元器件在面包板上布局技巧及插接方法。
（2）熟练掌握用万用表测量电压、电流、电阻的基本方法。

2. 实训设备及器件

（1）实训设备：直流稳压电源 1 台，万用表 1 只，面包板 1 块。
（2）实训器件：电阻，电位器，4-2 输入与非门 74LS00。

3. 实训电路及说明

74LS00 是一个 TTL（晶体管－晶体管逻辑电路）与非门集成电路，片内同时集成有 4 个逻辑功能独立的 2 输入与非门（4-2 输入与非门），管脚排列及功能见附录 C.3。当两个输入端均为高电平（约为 +5 V）时，输出端为低电平（约为 0 V）；当两个输入端有任何一端为低电平或均为低电平时，输出端为高电平。为了让集成 TTL 与非门的输出端在最大负载下能得到低电平输出（0～0.8 V），输入端应接高电平，我们把输入高电平的下限值 U_{IH} 叫作"开门电压"。为使与非门输出高电平（3～5 V），输入端应接低电平，我们把输入低电平的上限值 U_{IL} 叫作"关门电压"。开门电压和关门电压是 TTL 门电路的重要参数，在实际使用 TTL 门电路时，如果输入电压选取不当，将导致输入与输出之间的逻辑关系出现错误，因此，有必要准确地测量出 TTL 集成电路的输入开门电压和关门电压。图 1-1-1（a）、（b）分别为 TTL 与非门输入开门电压和输入关门电压测量电路。

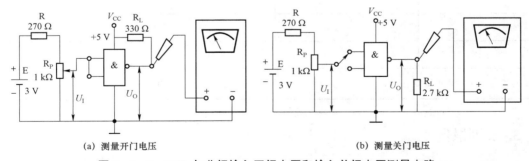

（a）测量开门电压　　　　　　　　　　（b）测量关门电压

图 1-1-1　TTL 与非门输入开门电压和输入关门电压测量电路

4. 实训内容及步骤

1）测量 TTL 与非门的开门电压

① 测量电路如图 1-1-1（a）所示。以 74LS00 为核心，在面包板上合理布局，组装好电路，检查无误。

② 选择 74LS00 中的任何一个与非门单元，将两个输入端并接后接到电位器 R_P 的滑动端，接通 +3 V 电源。将电位器滑动端旋转至最上侧（输出电压最大），用万用表直流电压挡测量与非门输出端，输出 U_O 应为低电平，记录结果。

③ 按表 1-1-1 中测量开门电压所指定的输入电压值，调节 R_P，先保证输入电压值，再测量输出电压值，记入表 1-1-1 中。

④ 根据输入输出电压值，判定开门电压 U_{IH} = ____ V。（必要时可在转折点附近补测若干点）

2）测量 TTL 与非门的关门电压

① 将测量电路改动为如图 1-1-1（b）所示，检查无误。任意选择 TTL 某一输入端连接到 R_P 的活动端，接通电源，调节 R_P 活动端，使 $U_I = 0$ V，记录此时 U_O 值。

② 按表 1-1-1 中测量关门电压所指定的输入电压 U_I 值，分别测得对应输出电压 U_O 值，记入表 1-1-1 中。

③ 根据输入、输出电压值，判定关门电压 U_{IL} = ____ V。（必要时可在转折点附近补测若干点）

表 1-1-1　TTL 与非门输入、输出电压测试结果

测量开门电压		测量关门电压	
TTL 与非门输入电压/V	TTL 与非门输出电压/V	TTL 与非门输入电压/V	TTL 与非门输出电压/V
2.0		0.2	
1.8		0.4	
1.6		0.5	
1.4		0.6	
1.3		0.7	
1.2		0.8	
1.1		0.9	
开门电压 U_{IH} = 　　 V		关门电压 U_{IL} = 　　 V	

5. 实训报告

（1）记录实验结果，整理实验数据，并制成表格。

（2）比较实验数据与理论数据，分析产生实验误差的原因。

（3）完成思考题。

6. 思考题

（1）查阅资料，了解 74LS 系列与非门的开门电压 U_{IH} 和关门电压 U_{IL} 的理论值大致为

多少伏。

（2）认真研究图 1－1－1（a）、（b）测量电路，回答在测量开门电压和关门电压时输入端的接法和输出负载 R_L 的接法为什么不同。

（3）查阅 TTL 4－2 输入与非门 74LS00 的管脚功能。

 # 实训 1.2　基本放大电路的安装与调试

1. 实训目的

（1）掌握在面包板上插接分立元件组成的单管共射放大电路的基本方法。

（2）掌握放大器静态工作点的调试和测量方法，以及 A_U、R_I、R_O 的测量方法。

（3）学会用示波器观测放大器输入输出波形及电压幅度的测量方法。

2. 实训设备及器件

（1）实训设备：直流稳压电源 1 台，双踪示波器 1 台，函数信号发生器 1 台，交流毫伏表 1 台，万用表 1 只，面包板 1 块。

（2）实训器件：三极管 9014，电阻，电容。

3. 实训电路及说明

由一只三极管组成的放大电路，是放大器中最基本的单元电路，称为单管放大电路。图 1－2－1 是一单管共发射极放大电路的原理电路图。图中，R_{B1}、R_{B2} 的阻值使流过两电阻的电流 $I_R \gg I_B$，故静态时基极电位 $U_B \approx [R_{B2}/(R_{B1}+R_{B2})]V_{CC}$，$R_{B1}$、$R_{B2}$、$R_E$ 的阻值又使 $U_B \gg U_{BE}$，因 $\beta \gg 1$，故静态时 $I_C \approx I_E = (U_B - U_{BE})/R_E \approx U_B/R_E = R_{B2}/[(R_{B1}+R_{B2})R_E]V_{CC}$。由以上分析可知，该电路的静态工作点基本上由 V_{CC} 通过基极偏置电阻 R_{B1}、R_{B2} 的分压而定，与晶体管的参数 β 及 U_{BE} 大小基本无关，静态工作点比较稳定，故图 1－2－1 电路又称为分压式直流负反馈共射放大电路，简称为工作点稳定电路。

4. 实训内容及步骤

1）组装电路

按照图 1－2－1 在面包板上安装分压式单管共射放大电路。

2）静态调试

检查电路，连接无误后接通电源，调节电位器 R_P，使 $U_E = 2.2$ V，测量 U_B、U_{BE} 和 R_{B1} 的值，计算 I_E 和 U_{CE} 的值，并填入表 1－2－1，判断三极管的工作状态。注意 R_{B1} 的测量应在断电后并断开 R_{B1} 一端（即 R_{P1} 上端或 24 kΩ 电阻器的下端）进行。

3）动态研究

① 调节信号发生器，使之输出一个频率为 1 kHz、有效值为 5 mV 的正弦波信号 u_I，接到放大器的输入端，负载 R_L 开路，观察 u_I 和 u_O 端波形，并比较相位。

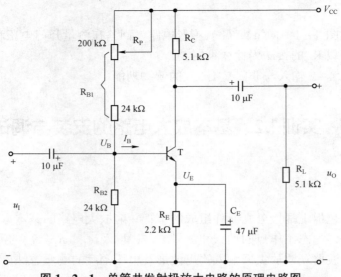

图 1-2-1　单管共发射极放大电路的原理电路图

表 1-2-1　静态调试阶段的测量与计算结果

实测			实测计算	
U_B/V	U_{BE}/V	R_{B1}/kΩ	U_{CE}/V	I_E/mA

② 保持 u_I 频率不变，逐渐增大幅度，观察 u_O，测量最大不失真时的输出电压有效值 U_O 和这时的输入电压有效值 U_I，计算电压放大倍数 A_U，填入表 1-2-2。

表 1-2-2　动态研究阶段的测量与计算结果

实测		实测计算	估算
U_I/mV	U_O/V	A_U	A_U

③ 保持 $U_I = 5$ mV 不变，放大器接入负载 R_L，测量输出电压有效值 U_O，计算电压放大倍数 A_U，并将结果填入表 1-2-3。

表 1-2-3　$U_I = 5$ mV 的测量与计算结果

给定参数		实测		实测计算	估算
R_C	R_L	U_I/mV	U_O/V	A_U	A_U
5.1 kΩ	5.1 kΩ				

④ 逐渐增大 u_I，用示波器观察 u_O 波形变化，直到出现明显失真，分析是饱和失真还是

截止失真。

4）测量输入、输出电阻

① 输入电阻测量。

输入端串接阻值为 1 kΩ的电阻 R_I，如图 1-2-2 所示。使输出不失真，测量 u_S 与 u_I，并按式 $R_I = (u_I R_S)/(u_S - u_I)$ 计算 R_I。

② 输出电阻测量。

在输出端接入电阻 R_L，如图 1-2-3 所示。测量有负载和空载时的不失真输出电压 u_O 和 u_O'，并按式 $R_O = [(u_O'/u_O) - 1]R_L$ 计算 R_O。

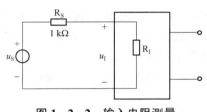

图 1-2-2　输入电阻测量

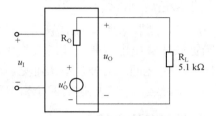

图 1-2-3　输出电阻测量

5. 实训报告

（1）整理测量数据，列出表格。

（2）将实验值与理论值加以比较，分析误差原因。

（3）分析静态工作点对 A_U 的影响，讨论提高 A_U 的办法。

（4）完成思考题。

6. 思考题

（1）试述分压式单管共射放大电路的工作原理及各元器件的作用。

（2）复习分压式单管共射放大电路静态工作点 Q（即 I_{CQ}、I_{BQ}、U_{CEQ}）的计算方法。

（3）复习分压式单管共射放大电路的电压放大倍数 A_U 及 R_I、R_O 的计算方法。

 # 实训 1.3　RC 正弦波振荡电路的安装与调试

1. 实训目的

（1）掌握 RC 串并联型正弦波振荡器的构成和工作原理。

（2）熟悉正弦波振荡电路的调试方法及振荡频率的测试方法。

2. 实训设备及器件

（1）实训设备：直流稳压电源 1 台，双踪示波器 1 台，频率计 1 台，函数信号发生器 1 台，万用表 1 只，面包板 1 块。

（2）实训器件：模拟集成电路 F741，稳压二极管，电位器，电阻，电容。

3. 实训电路及说明

RC 串并联网络正弦波振荡电路用以产生 1 MHz 以下的低频正弦波信号，是一种使用十分广泛的波形发生器电路，其电路原理图如图 1-3-1 所示。如图所示，集成运放 A 作为放大电路，R_P 和 R_F 支路引入一个负反馈，闭环电压增益为 $A_{uf} = [1 + (R_P/R_F)]$，调节 R_P，可以改变放大环节的增益。由 R_1、C_1、R_2、C_2 组成串并联选频网络兼正反馈网络，振荡频率 $f_o = \dfrac{1}{2\pi\sqrt{R_1 R_2 C_1 C_2}}$，反馈系数在 $f = f_o$ 时达到最大，为 $f = \dfrac{1}{3}$。根据振荡电路的起振条件，要求 $A_{uf} \cdot f > 1$，则要求调节 R_P，使 $R_P > 2R_F$。如图所示，两只稳压二极管 2CW53 组成稳幅电路。当振荡器输出电压幅值超过其稳压值 $\pm(U_Z + U_D)$ 时，稳压二极管导通，U_o 被限幅在 $\pm(U_Z + U_D)$ 之间。另外，由图可见，串并联网络中的 R_1、C_1 和 R_2、C_2 及负反馈支路中的 R_P 和 R_F 正好组成一个电桥的四个臂，因此这种电路又称为文氏电桥振荡电路。

4. 实训内容及步骤

（1）按图 1-3-1 组装电路，其中集成运放 F741 的管脚图参见附录 C.2。取电源电压为 ±12 V。

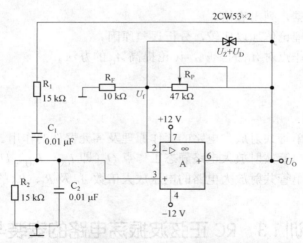

图 1-3-1　RC 串并联网络正弦波振荡电路原理图

（2）用示波器观察输出波形，思考以下问题：

① 若元件完好，接线正确，电源电压正常，示波器使用无误，而荧光屏上没有正弦波显示，原因何在？如何解决？

② 有输出但波形明显失真，应如何解决？

（3）测量振荡频率，可采用以下方法之一：

① 直接从示波器读值：直接读取示波器荧光屏上一个周期的正弦波所占的格数，将其与时间/格（TIME/DIV）旋钮所指示的时间相乘，得到正弦波周期，其倒数则为被测频率。

② 李沙育图形法：将时间/格旋钮旋至 X-Y 挡，用探头将低频信号发生器或函数信号

发生器输出的标准正弦波接到示波器的水平输入端，调节其频率，使荧光屏显示一个椭圆，这时被测信号与标准信号频率相等。

③ 用频率计直接读出正弦波的频率。

（4）测量负反馈放大电路的闭环电压放大倍数 A_{uf} 及反馈系数 f。

调节 R_P，使振荡稳定、波形基本不失真，记下此时的幅值。断开 RC 串并联选频网络与放大电路输出端之间的连线，输入端加入和振荡频率一致的信号电压，使输出波形的幅值和原来振荡时的幅值相同，测量结果记入表 1 - 3 - 1 中。完成后断电测量 R_P 值，计算负反馈放大电路的电压放大倍数 A_{uf}，与测量值比较。

表 1 - 3 - 1　实验记录表

U_I	U_O	U_f	A_{uf}	f

5. 实训报告

（1）由给定参数计算振荡频率，并与实测值进行比较，分析误差产生的原因。

（2）要减少正弦波的失真，电路应如何改进？

（3）完成思考题。

6. 思考题

（1）图 1 - 3 - 1 的起振条件是 $R_P > 2R_F$，是不是 R_P 越大越好？若 R_P 过大，会出现什么问题？

（2）完成以下填空：

① RC 串并联网络振荡电路是由（　　）和（　　）两部分所组成的一种反馈电路。

② 在实验电路中，正反馈支路由（　　）组成，这个网络具有（　　）特性，只要改变（　　）或（　　）的数值，就能改变振荡器的（　　）。

（3）本电路的稳幅环节是由稳压二极管实现的，除此之外，还有哪些稳幅办法？

 # 实训 1.4　计数器的安装与调试

1. 实训目的

（1）熟悉同步十进制加法计数器 74LS160 的功能。

（2）掌握用十进制计数器构成 N（$N \leqslant 10$）进制计数器的基本方法。学会用两片 74LS160 组成 100 进制计数器的方法。

（3）熟悉计数器的调试及检查方法。

2. 实训设备及器件

（1）实训设备：直流稳压电源 1 台，函数信号发生器 1 台，双踪示波器 1 台，万用表 1只，面包板 1 块。

（2）实训器件：74LS160，74LS00，发光二极管。

3. 实训电路及说明

74LS160 是同步十进制加法计数器，具有计数、预置数、保持和置零功能，其管脚接线图见附录 C.3，表 1-4-1 为其功能表。

表 1-4-1　74LS160 功能表

$\overline{\text{LD}}$	CTP	CTT	$\overline{\text{CR}}$	CP	功能
0	×	×	1	⌐↑	预置数
1	0	1	1	×	保持
1	×	0	1	×	保持（$C_O = 0$）
×	×	×	0	×	置 0
1	1	1	1	↑	计数

当 $\overline{\text{LD}} = 0$ 和 $\overline{\text{CR}} = 1$ 时，在时钟的上升沿时可将数据在 D3、D2、D1、D0 端并行置入计数器；

当 $\overline{\text{LD}} = 1$、使能端 CTP = CTT = 1、$\overline{\text{CR}} = 1$ 时，计数器伴随着时钟脉冲按 8421BCD 码循环计数。当计数器状态达到 1001 时，C_O 为 1，再来一个 CP 上升沿，产生进位输出，且 $Q_3Q_2Q_1Q_0 = 0000$。

74LS160 有两种保持状态：

① $\overline{\text{CR}} = 1$、$\overline{\text{LD}} = 1$、CTP = 0、CTT = 1 时，Q3、Q2、Q1、Q0 和进位输出 C_O 均处于保持状态；

② $\overline{\text{CR}} = 1$、$\overline{\text{LD}} = 1$，若 CTT = 0，则 CTP 不管处于什么状态，Q3、Q2、Q1、Q0 均处于保持状态，但进位输出 C_O 为 0。当异步清零端 $\overline{\text{CR}} = 0$ 时，计数器被立即清零。

4. 实训内容及步骤

（1）同步十进制计数器 74LS160 功能验证。

① 按图 1-4-1 连接实验电路。

② A 端接地，将计数器清零。

③ 将 A、B 和 C 端接高电平，使计数器呈计数状态。

④ 在 CP 端加入单脉冲，观察计数器输出，并将结果填入表 1-4-2 中。

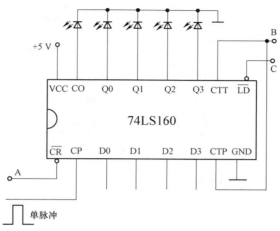

图 1-4-1　74LS160 实验电路图

表 1-4-2　实验记录表

CP 顺序	Q_3	Q_2	Q_1	Q_0	C_O
0					
1					
2					
3					
4					
5					
6					
7					
8					
9					

⑤ 将单脉冲源改换成为 10 Hz 的连续脉冲，用示波器观察并记录输入脉冲与 Q0、Q1、Q2、Q3 的波形。

（2）用十进制同步加法计数器接成一个六进制同步加法计数器，如图 1-4-2 所示。图 1-4-2（a）为异步置零法，图 1-4-2（b）为同步置零法。

① 按图 1-4-2（a）、（b）分别组装电路，与非门可用 74LS00 的任一个。

② 从 CP 端加入单脉冲，观察 Q2、Q1、Q0 端发光二极管的点亮情况，验证是否为六进制计数器。

（3）74LS160 的级联——用两片 74LS160 组成一个百进制的计数器。

① 按图 1-4-3 连接实验电路。

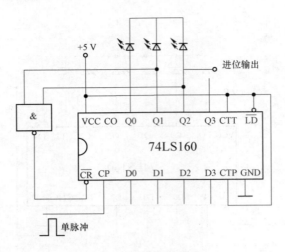

(a) 异步置零法

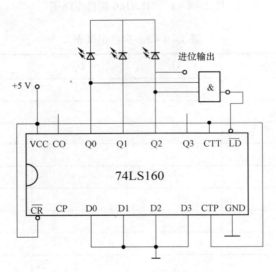

(b) 同步置零法

图 1-4-2　用十进制同步加法计数器接成一个六进制同步加法计数器

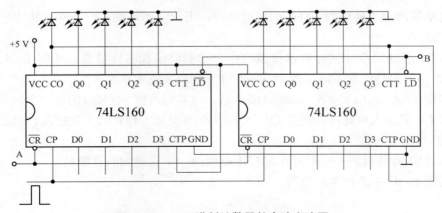

图 1-4-3　百进制计数器的实验电路图

② 将 A 接地，计数器清零。

③ A 接 VCC 或悬空，CP 端接单脉冲，观察计数器的输出结果，并记录。

5. 实训报告

（1）记录实验结果，整理实验数据。

（2）总结集成计数器组成任意进制计数器的基本方法。

（3）完成思考题。

6. 思考题

（1）复习计数器的工作原理及功能，画出六进制加法计数器 Q_2、Q_1、Q_0 端的波形图。

（2）多片同步十进制计数器接成 $N \geqslant 10$ 计数器的级联方法有几种？

（3）查阅同步十进制计数器 74LS160 和 4-2 输入与非门 74LS00 的管脚功能。

第 2 单元

电子技术实践训练

通过电子技术一系列典型应用实验，让学生在弄清电路原理和主要功能后，在规定时间内在面包板上完成对电路的安装、调试及功能测试，是本单元的主要内容和实践训练方式。

根据先易后难、先简单后综合的原则，本单元共设计了 22 个实训项目，以供在教学过程中选用。在教学时间安排上，要求有一定的连续性，最好一次完成一个实训项目。

实训 2.1　LED 电平指示电路的安装与调试

1. 实训目的

（1）熟悉二极管的钳位作用和三极管的开关作用。

（2）熟悉发光二极管 LED 的性能和用 LED 组成电平指示电路的方法。

（3）掌握分立元件电子电路在面包板上的插接方法及参数测试方法。

2. 实训设备及器件

（1）实训设备：直流稳压电源 1 台，函数信号发生器 1 台，万用表 1 只，面包板 1 块。

（2）实训器件：三极管 9014，发光二极管 LED（白、红、绿、黄各 1 只），硅二极管 1N4148，电阻。

3. 实训电路及说明

发光二极管 LED 主要用于显示领域，其应用形式灵活多变。单个 LED 可用作各种电平指示灯，在各种检测电路中作为电平状态显示装置；将 LED 封装为条状发光器件，可以组成 LED 数码管，用以显示各种字符；还可以以 LED 为像素，构成点阵 LED 显示器，用以显示图像和文字。

LED 具有显示醒目、颜色多样、反应迅速、功耗小等特点，可用于定性、定量指示各种工作状态。图 2-1-1 中的三色逻辑测试仪电路图就是一个典型的例子。

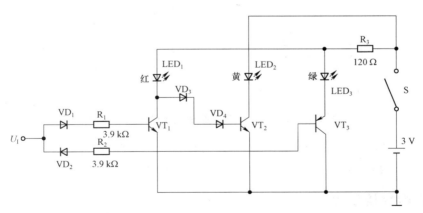

图 2-1-1　三色逻辑测试仪电路图

图 2-1-1 中，用 LED 的不同颜色或颜色组合来显示被测电路的正负、高低电平和正负脉冲序列。其原理是：当检测探针与被测电路的低电平（即 0）接触时，VT_1 截止，VT_2 导通，LED_2 即黄灯亮，LED_1 虽正向导通，但因电流太小而不亮，VT_3 虽也处于导通状态，但基极电流小，相应集电极电流也小，不足以使绿灯亮，故黄灯亮，显示"0"状态；当检

测正电平时，VT_1 饱和导通，由于 VT_1 集电极电位的钳位作用，不足以使 VT_2 导通，黄灯不亮，同时由于 VD_2 的作用 VT_3 截止，故只有红灯 LED_1 亮，显示"1"状态；当检测负电平时，VT_3 导通，LED_3 即绿灯亮，显示"-1"状态，这时 VT_1 截止，由于 VT_3 导通，电阻 R_3 上的压降较大，这时 $U_{BE2}=3\,V-U_{R3}-U_{LED1}-2U_D<0.5\,V$，使 VT_2 不能导通，故绿灯亮，显示"-1"状态；[①] 测试脉冲信号时，红、黄两管（正脉冲系列）或绿、黄两管（负脉冲系列）交替发光显示，当脉冲频率较高时，由于人眼的错觉，可能会看到其中两只 LED 管同时发光。

使用三色逻辑测试仪时要和被测电路共地，红、绿 LED 起亮电压为 1.5 V。还可以根据被测电路具体高、低电平情况，在测试仪输入端串入二极管或改变电阻 R_1、R_2 的阻值来调整 LED 起亮电压，以适应各种电路的需要。

在音响电路中，经常用多个发光二极管作为音响信号强度的指示。发光二极管分别接在三极管的集电极，当三极管导通时，作为其集电极负载的发光二极管就导通发光。利用二极管的钳位作用去控制三极管的导通，就可以产生发光二极管发光的数目随音量变化的效果。

图 2-1-2 为用于音响系统的输出电平指示电路，实际上可以串联若干级，图中电路只画出三级。随着输入信号 U_I 的增加，LED 被逐次点亮，亮灯数目的多寡则反映了声音信号的强弱。图中，由 R、R_P 通过电源组成一个直流信号源，主要用于在实验中获取不同的 U_I 值，不是电平指示电路之必须。

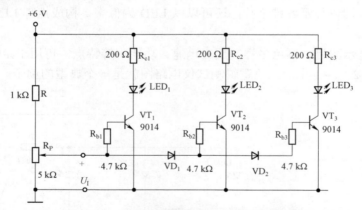

图 2-1-2　用于音响系统的输出电平指示电路

其基本原理是：当 $U_I>0.6\sim0.7\,V$ 时，VT_1 由截止变为导通，LED_1 点亮，以后 U_I 每增加约 0.7 V，后续 LED 就被点亮一只，以此来对信号进行直观指示。

4. 实训内容及步骤

（1）如图 2-1-2 所示，在面包板上组装 3 位 LED 电平指示电路，要求合理布局，安装连接无误，接通电源。

（2）接入直流信号源，调 R_P 使 $U_I=0\,V$，测量 VT_1、VT_2、VT_3 三个电极的电压，记录于表 2-1-1 中，并分析各三极管的导通情况。

---

① U_D 为 VD_3 和 VD_4 的导通压降。

表 2-1-1　实验记录表（1）

	VT$_1$	VT$_2$	VT$_3$	导通情况
U_E				
U_B				
U_C				

（3）逐次增加 U_I 的值，并分别记录 VT$_1$、VT$_2$、VT$_3$ 依次点亮时的 U_I 临界值，以及 U_I 为 3 V 时 VT$_1$、VT$_2$、VT$_3$ 依次点亮的工作电流 I_{LED1}～I_{LED3}，将实验数据填入表 2-1-2，并分析 LED 点亮时的亮度与工作电流的关系。

表 2-1-2　实验记录表（2）

	LED$_1$ 临界亮	LED$_2$ 临界亮	LED$_3$ 临界亮
U_I/V			
I_{LED_1} /mA			
I_{LED_2} /mA			
I_{LED_3} /mA			

（4）用函数信号发生器分别输出 1 Hz、10 Hz、100 Hz 的正弦波代替 U_I，观察 LED 点亮的情况，并记录。

5. 实训报告

（1）对实验过程中出现的故障进行仔细分析，找出原因并记录。
（2）处理实验数据，总结本次实训的心得体会，并完成实训报告。
（3）完成思考题。

6. 思考题

（1）试说明图 2-1-1、图 2-1-2 电路的工作原理。
（2）理论计算图 2-1-2 所示电路中各位 LED 被点亮时的输入电压值。当输入电压为 5 V 时，该电路能点亮多少位 LED？

 # 实训 2.2　输入和逻辑判断电路的安装与调试

1. 实训目的

（1）熟悉由集成运放组成的电压比较器的工作原理及调试方法。
（2）学会集成组件在面包板上的插接方法。

2. 实训设备及器件

（1）实训设备：直流稳压电源 1 台，函数信号发生器 1 台，万用表 1 只，面包板 1 块。

（2）实训器件：集成运算放大器 LM324，三极管 9014，二极管，发光二极管 LED，电位器，电阻，电容。

3. 实训电路及说明

输入和逻辑判断电路的功能是将输入的数字信号进行逻辑状态的判别，判断其是属于逻辑低电平（如低于 0.8 V），还是逻辑高电平（如高于 2.4 V），还是介于低电平和高电平之间，以其输出的高、低电平来指示。其后级还可以接入音响电路或其他电路直接指示。

输入和逻辑判断电路图如图 2-2-1 所示，实质上是一个双限电压比较器电路。

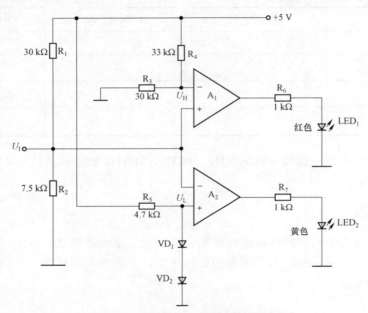

图 2-2-1 输入和逻辑判断电路图

图中 R_1、R_2 组成输入电路，作用是保证在没有输入信号 U_I 时，比较器输入端既不是高电平，也不是低电平，两只输出 LED 均不亮。由给定 V_{CC}、R_1、R_2 参数可以获得输入悬浮时 $U_I = 1.4$ V。双限电压比较器有两个阈值电平，上阈值电平为 U_H，下阈值电平为 U_L，由图可知：

$$U_H = R_3/(R_3 + R_4)V_{CC} = 30/(30 + 33) \times 5 = 2.4 （V）$$

VD_1、VD_2 正向导通为双限电压比较器提供一个 0.8 V 的下阈值电平 U_L，选择 VD_1 为锗二极管 2AP9，VD_2 为硅二极管 2CP10。逻辑电平判断电路工作原理如下：

当输入电平 $U_I > U_H$ 时，A_1 的 $U_+ > U_- = U_H$，A_1 输出为高电平 U_{OH}。红色发光二极管 LED_1 亮，而 A_2 的 $U_- > U_+ = U_L$，输出为低电平 $U_{OL} \approx 0$ V，黄色发光二极管 LED_2 不亮。以 LED_1 亮表示输入逻辑电平为高电平。

当输入电平 $U_I < U_L$ 时，A_1 的 $U_+ < U_- = U_H$，A_1 输出为低电平 $U_{OL} \approx 0$ V。LED_1 不亮，

但 A_2 的 $U_- < U_+ = U_L$，输出为高电平 U_H，黄色发光二极管 LED_2 亮。以 LED_2 亮表示输入逻辑电平为低电平。

当输入电平在 U_H、U_I 之间，A_1 的 $U_+ < U_-$，A_2 的 $U_- > U_+$，A_1、A_2 均输出低电平，LED_1 和 LED_2 均不亮。

4. 实训内容及步骤

（1）认真阅读如图 2-2-1 所示的输入和逻辑判断电路图，弄清电路的工作原理和每一个元器件的作用。图中 A_1、A_2 为集成运算放大器 LM324。管脚功能参见附录 C.2.3。

（2）在面包板上对如图 2-2-1 所示电路进行合理布局，安装连接电路。检查无误后接通电源 V_{CC}。用万用表直流电压挡测量 U_I、U_H、U_L 值并记录，观察 LED_1、LED_2 亮灭情况，并分别测量 A_1、A_2 输出电平，分析电路工作是否正常。

（3）自行搭建一个直流信号源，如图 2-2-2 所示。
电位器 R_P 活动端接 U_I 端，按以下步骤测试电路功能：
① 调 R_P，使 $U_I > 2.4\ V$，记录 LED_1、LED_2 亮灭情况；
② 调 R_P，使 $U_I < 0.8\ V$，记录 LED_1、LED_2 亮灭情况；
③ 调 R_P，使 U_I 在 U_H、U_L 之间，记录 LED_1、LED_2 亮灭情况。
（4）由函数信号发生器输出 5 Hz、幅值大于 3 V 的方波信号，接到 U_I 端，观察 LED_1、LED_2 闪亮情况。

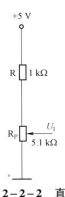

图 2-2-2　直流信号源

5. 实训报告

（1）整理实验数据，总结实验结果。
（2）完成思考题。

6. 思考题

（1）画出如图 2-2-1 所示电路的电压传输特性曲线。
（2）图 2-2-1 中，U_L 由两只二极管的正向压降来决定其稳定性，参数一致性较差，要提高 U_L 的稳定性，还有什么方案？
（3）图 2-2-1 中，集成运算放大器 A_1、A_2 工作在什么工作状态？有什么特点？

 ## 实训 2.3　照明灯延时开关电路的安装与调试

1. 实训目的

（1）熟悉 RC 电路中电容 C 在充放电过程中所起的延时作用。
（2）了解可控硅的实际应用。
（3）学会电子电路的测试技能。

2. 实训设备及器件

（1）实训设备：万用表 1 只，面包板 1 块。

（2）实训器件：整流二极管 1N4007，可控硅 1A/400V，三极管 9014，单向开关，电阻，电容。

3. 实训电路及说明

照明灯延时开关电路图如图 2-3-1 所示。

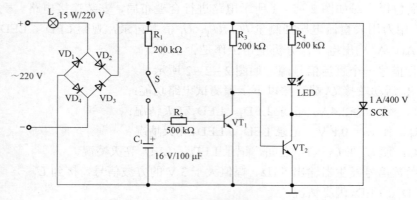

图 2-3-1　照明灯延时开关电路图

1）电路工作原理

$VD_1 \sim VD_4$ 组成桥式整流电路，它一方面为电路提供直流电压，另一方面起到"换向"作用，使在电路中使用单向可控硅也可起到交流电压的双向控制作用。

静态时 S 断开，VT_1 截止，VT_2 导通，可控硅截止，由于控制电路只有 mA 级电流，不足以使照明灯 L 点亮，故灯不亮，但 LED 点亮，它在黑暗中起开关位置指示作用。当 S 闭合时，电源通过 R_1 给 C_1 充电，使 VT_1 导通，VT_2 截止，在截止的瞬间集电极电位上升，并为 SCR 提供足够功率的触发信号，可控硅导通，灯 L 亮，LED 灭；断开 S 时，C_1 通过 R_2 和 VT_1 的 be 结放电，仍可使灯维持亮一段时间，此即开关的延时时间。当 C_1 上电压不足以维持 VT_1 导通时，则 VT_2 导通，可控硅截止，灯灭。

2）单向可控硅的判别

单向可控硅的外形、内部结构和等效电路见附录 C.1.3。它像一个普通三极管，也有三个电极，分别为阳极（A）、阴极（K）和控制极（G）。

（1）管脚的判别。

将指针式万用表旋钮拨至 R×1 挡，先任测两个极，若正、反测指针均不动，可能是 A、K 极或是 G、A 极。若其中有一次测量指示为几十至几百欧，则红表笔所接为 K 极，黑表笔所接为 G 极，剩下即为 A 极。

（2）性能的判别。

将万用表旋钮拨至 R×1 挡，红表笔接 K 极，黑表笔同时接通 G、A 极，指针应指示几十欧至一百欧，在保持黑表笔不脱离 A 极的状态下断开 G 极，指针应基本保持不变，此时可控硅已被触发，且触发电压低（或触发电流小）。然后瞬时断开 A 极再接通，指针退回 ∞ 位置，则表明可控硅良好。

若保持接通 A 极时断开 G 极，指针立即退回 ∞ 位置，则说明可控硅触发电流太大或已损坏。

4. 实训内容及步骤

（1）按图 2 - 3 - 1 在面包板上组装实验电路，要求合理布局，安装连接无误，接通电源。

（2）测试电路功能，将测试结果填入表 2 - 3 - 1 中。

（3）将 R_2 变为 1 MΩ 或将 C_1 改为 470 μF，实测延时时间是否改变。

表 2 - 3 - 1　功能测试结果

序号	条件	内　容
1	S 闭合	VT$_1$＿＿＿（饱和/截止），VT$_2$＿＿＿（饱和/截止），SCR＿＿＿（导通/截止）
2	S 断开	VT$_1$＿＿＿（饱和/截止），VT$_2$＿＿＿（饱和/截止），SCR＿＿＿（导通/截止）
3	延时时间	＿＿＿＿＿＿＿（s）
4	加大电阻	延时时间＿＿＿＿（变长/变短）
5	电容量变大	延时时间＿＿＿＿（变长/变短）

5. 实训报告

（1）对实验过程中出现的故障进行仔细分析，找出原因并记录。

（2）处理实验数据，总结本次实训的心得体会并完成实训报告。

（3）完成思考题。

6. 思考题

分析电路中起延时作用的元件及其延时原理。

 ## 实训 2.4　触摸式延时照明电路的安装与调试

1. 实训目的

（1）了解触摸式延时电路的工作原理。

（2）掌握 NPN 管和 PNP 管的互补连接方式。

（3）熟悉 RC 电路中电容 C 在充放电过程中所起的延时作用。

2. 实训设备及器件

（1）实训设备：万用表 1 只，面包板 1 块。

（2）实训器件：三极管 9014、9012，LED，电阻，电容。

3. 实训电路及说明

在现代建筑中，楼梯过道照明开关常采用触摸延时开关。其功能为：当人用手触摸开关时，照明灯点亮并持续一段时间后自动熄灭。这种开关既节电又使用方便。

实现延时的电路和器件形式很多，但其基本原理都是依据 RC 电路中电容 C 两端电压不能突变的特性设计的。本实训项目介绍的是由三极管和 RC 电路组成的触摸式延时电路，只要经适当改装，就可以构成一个触摸延时开关。

人体本身带有一定电荷，当人用手触摸金属片时，这些电荷就经人手转移到金属片上，形成瞬间的微弱电流。这一微弱的电流经过三极管放大后，就可以控制较大的负载开关动作。图 2-4-1 是由金属片 M、三极管放大电路、RC 延时电路及三极管开关电路构成的触摸式延时开关电路。VT_1 和 VT_2 组成直接耦合两级放大电路，VT_3 构成开关电路。金属片 M 和限流电阻 R_6 接在 VT_1 的基极，当其悬空时，由于基极开路，VT_1、VT_2 处于截止状态，因此 VT_3 也截止，LED 中无电流流过而不发光。当人手接触金属片 M 时，人体电荷经 R_6 流入 VT_1 基极，VT_1 迅速导通，将此瞬间电流放大后驱动 VT_2 饱和导通，使 VT_2 的集电极电位降为低电平，并使 VT_3 也随之导通，LED 中有电流流过而发光。

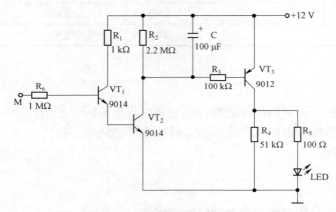

图 2-4-1　触摸式延时开关电路

在 VT_2 瞬间饱和导通的同时，集电极电流对电容 C 快速充电至接近 12 V，但手离开金属片 M 后瞬间电流立即消失，VT_1、VT_2 截止，由于 C 上存有电荷，通过 R_2、R_3、VT_3 的 e 结电阻放电，使退出导通有一定的时间，LED 继续发光，直到 VT_3 的集电极电流减小到不足以使 LED 发光。VT_3 导通的延迟时间主要由 R_2、R_3 和 C 的大小决定。除上述主要因素外，VT_2 的 β 值、空气的湿度对延迟时间也有影响，为保证触摸延时 VT_2 迅速饱和，VT_2 选择 β 值大的 9013 或 9014。在实际应用中，用继电器、可控硅等执行元件取代 R_4、R_5 和 LED，就可控制较大的负载。

图 2-4-2 是一个实际的触摸式延时照明电路，该电路采用可控硅作为照明灯的控制开关。可以把可控硅看作是一种有控制端的二极管，当它的控制极接高电平时，可控硅触发导通（即二极管导通），只有在控制极变为低电平且流过二极管的电流为 0 时，二极管才重新截止。220 V 交流电过 0 点时，如果控制极为低电平，则将可控硅关断（即二极管截止）。

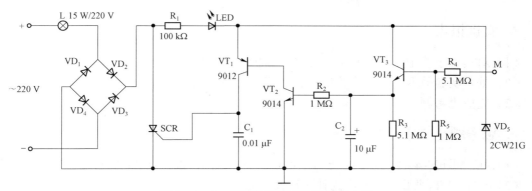

图 2-4-2　实际的触摸式延时照明电路

该电路中，由二极管整流桥、可控硅 SCR 组成触摸开关的主回路，由 R_1、LED 与稳压管 VD_5 构成次回路。即可控硅导通时，照明灯 L 亮；可控硅截止时，由 R_1、LED 与稳压管 VD_5 构成的次回路只能给照明灯 L 提供很小的电流，故照明灯 L 不亮，但发光二极管 LED 亮，用以指示触摸开关的位置。当触摸金属片 M 时，一系列过程使 VT_1 迅速导通，集电极电位迅速升高，从而给可控硅的控制极提供触发电压，使 SCR 被触发导通，照明灯 L 亮；当人的手离开 M 时，VT_3 截止，使 VT_1、VT_2 随之脱离饱和。随着 VT_1 的电流减小，控制极电平变低，最后使 SCR 关断，照明灯 L 变暗，LED 变亮。该电路触摸延时部分的工作原理请自行分析。

4. 实训内容及步骤

（1）按图 2-4-1 安装 VT_1、VT_2、R_1、R_2，M 用导线代替。接通电源，用万用表电压挡测量 VT_1、VT_2 集电极的电位，填入表 2-4-1 中。

表 2-4-1　VT_1、VT_2 集电极电位测量结果

	U_{c1}/V	U_{c2}/V
触摸前		
触摸时		

（2）前级调试正常后，切断电源，再连接 R_3、VT_3、R_4、R_5、LED，通电后，用手触摸 M，观察 LED 是否发光。

（3）LED 发光正常后，将 C 接入电路，通电后触摸 M，并记录 LED 发光的持续时间。

（4）按表 2-4-2 改变参数，并记录延时时间。

表 2-4-2　各参数的延时测量结果

C	R_3	R_2	延时时间
100 μF	100 kΩ	2.2 MΩ	
100 μF	100 kΩ	1 MΩ	
100 μF	100 kΩ	100 kΩ	
100 μF	150 kΩ	1 MΩ	

5. 实训报告

（1）对实验过程中出现的故障进行仔细分析，找出原因并记录。

（2）处理实验数据，总结本次实训的心得体会并完成实训报告。

（3）完成思考题。

6. 思考题

（1）说明如图 2-4-1 所示的电路对电容 C 的充电时间常数和放电时间常数各有什么要求？

（2）VT_1、VT_2 截止后，VT_3 为什么还会导通？

（3）R_4 的阻值大小对 LED 的亮度是否有影响？请试一试并分析原因。

 # 实训 2.5　红外线光电开关电路的安装与调试

1. 实训目的

（1）熟悉红外线发射管、接收管的使用方法。

（2）熟悉光电转换电路的构成和应用。

（3）学习组装、调试一种红外线光电开关电路。

（4）掌握小型继电器的结构及接线方法。

2. 实训设备及器件

（1）实训设备：直流稳压电源 1 台，万用表 1 只，面包板 1 块。

（2）实训器件：红外线光电开关，小型继电器 JZC-21F，施密特触发器，二极管，三极管 9013、9014，LED，电阻。

3. 实训电路及说明

在电子电路中，红外线的发射与接收一般是使用红外发光二极管和红外接收管完成的。这种半导体器件体积可以做得很小，具有质量小、功耗低、使用寿命长、发出的光均匀稳定等特点。此外，它的最大特点是：这种发光二极管发出的红外光为不可见光，当发出的光束被某一特定的信号调制后，只有专门的调制电路才可以接收到，这就具有很强的抗干扰性和保密性。因此，在诸如电器的遥控电路、重要部门的防盗报警机构及其他自控装置中被广泛应用。

本实训项目学习使用以红外线发射管、接收管作为传感器组件的红外线光电开关电路，其电路图如图 2-5-1 所示。

在这个电路中，使用了通用红外线光电开关作为红外线传感器，其外形如图 2-5-2 所示。这个组件内含有一只微型红外线发射管与一只微型红外线接收管，主要用于复印机、打字机、冲床等的限位控制、光电计数等。

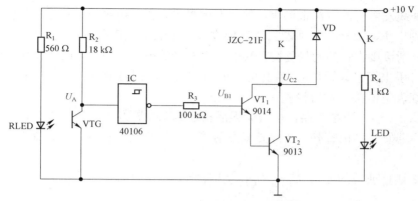

图 2-5-1　红外线光电开关电路图

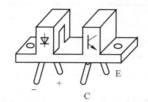

图 2-5-2　红外线光电开关外形

电路中 IC 为带有施密特触发器的反相器，用于对信号整形；VT$_1$、VT$_2$ 构成复合管，与继电器 K 组成了控制执行电路。

电路的工作原理是：红外线发射管 RLED 在通电情况下发出不可见的红外光束，照射在接收管 VTG 上，接收管 VTG 实质上相当于一个基极受光照控制的三极管，由于它的基区面积较大，所以当有光照射时，在基区激发出自由电子空穴对，其作用相当于向基区注入少数载流子，效果与引入基极电流一样，因此能够在集电极回路产生较大的电流，使接收管 VTG 导通，A 点呈低电平，反相器则输出为高电平，它使 VT$_1$、VT$_2$ 导通，继电器 K 吸合，常开触点闭合。只要在发射管和接收管之间遮挡光线，VTG 便截止，A 点即由低电平变为高电平，使反相器输出变为低电平，VT$_1$、VT$_2$ 截止，继电器 K 常开触点断开。

值得注意的是，在接收管由亮到暗、或由暗到亮的过程中，晶体管要经过导通和截止的临界状态，十分不稳定，会产生一连串的抖动脉冲。为了消除这种抖动干扰，通常采用施密特触发器来进行整形，以便得到理想的矩形波形，图 2-5-1 中 IC 选用六施密特触发器 40106，只用其中的一个单元。

电路中三极管 9014 与 9013 连接成复合管形式，它使得电路具有很高的电流放大系数，只要给 VT$_1$ 提供较小的基极电流就可以给继电器提供足够的吸合电流。

在本实训项目中，小型继电器 JZC-21F 的工作原理及接线方法参见附录 D。与继电器并联的续流二极管 VD 用来限制继电器断电时电感线圈所产生的感生电动势，以免晶体管 c、e 间的电压过大，超过晶体管的 $U_{(BR)CEO}$ 而将晶体管击穿。

4. 实训内容及步骤

（1）用万用表对红外线发射管、接收管，9013、9014 三极管，继电器等元器件进行检测。测量红外线发射管的方法很简单，使用万用表电阻挡，按照测量普通二极管的方法，即很容易地判别出正、负极及其性能。测量接收管的方法是：使用指针式万用表 $R \times 1k$ 挡，红、黑表笔分别接接收管的两只管脚，其中一次测量的电阻值较大，此时将接收管的受光面用强光照射（手电筒光线即可），若其电阻值明显减小，则万用表黑表笔接的管脚为接收管的集电极，红表笔所接为发射极。

（2）按图 2-5-1 组装电路，检查无误后接通电源。若发光二极管不亮，应检查电路安装是否正确；若发光二极管亮，在红外线发射管、接收管之间加以遮挡，继电器释放，则电路视为正常。

（3）测量遮挡前后的 U_A、U_{B1}、U_{C2}，记入表 2-5-1 中。

表 2-5-1　实训 2.5 电压测量结果

	遮挡前	遮挡后
U_A/V		
U_{B1}/V		
U_{C2}/V		

（4）用示波器观察并记录遮挡前后 U_A、U_{B1}、U_{C2} 的波形及参数。

5. 实训报告

（1）对实验过程中出现的故障进行仔细分析，找出原因并记录。

（2）处理实验数据，总结本次实训的心得体会并完成实训报告。

（3）完成思考题。

6. 思考题

（1）说明图 2-5-1 中二极管 VD 的作用。若不接 VD，可能产生什么后果？

（2）利用红外线光电开关电路，设计一种实际工业控制过程电路，用简洁的语言和方块图描述该电路的工作过程，包括说明红外线发射管、接收管的安置方法及继电器驱动的电气设备（如泵、电机等）。

实训 2.6　有线对讲机电路的安装与调试

1. 实训目的

（1）了解对讲机的电路组成及工作原理。

（2）熟悉低频集成功率放大器 LM386 的功能、管脚及使用。

（3）学习电路小系统的调试方法。

2. 实训设备及器件

（1）实训设备：直流电源 1 台，函数信号发生器 1 台，万用表 1 只，面包板 1 块。

（2）实训器件：LM386，喇叭，三极管 9014，双刀双掷开关，电位器，电阻，电容。

3. 实训电路及说明

有线对讲电路实际上是一个低频功率放大器。低频功率放大器是电子线路应用最广泛的电路之一。目前，传统的由分立元件组成的低频功率放大器已被性能优良的集成电路所取代。

集成电路（IC）按其功能分为模拟集成电路和数字集成电路两大类。本实训项目采用的 LM386 是一种模拟集成电路，它具有音频功率放大的功能，其外形封装、管脚排列、典型应用电路参见附录 C.2。

LM386 是美国国家半导体公司系列功放集成电路中的一个品种，因其有功耗低、工作电源电压宽、外围元件少和装置调整方便等优点，故广泛应用于通信设备、收/录音机、电子琴等各类电子设备中。其典型电参数如下：工作电压范围 4～12 V，静态电流 4 mA，输出功率 660 mW（最大），电压增益 46 dB（最大），带宽 300 kHz，谐波失真 0.2%，输入阻抗 50 kΩ，输入偏置电流 250 mA。该电路有同相、反相两个输入端，即从 5 脚输出电压信号的极性与 3 脚（同相端）输入信号的极性相同，而与 2 脚（反相端）输入信号的极性相反。这两种输入形式单从声音上是听不出差别的，无论哪一种输入，电路都一样工作。1 脚与 8 脚为增益调整，当两脚悬空时，电路的增益由内部设计决定；当在 1 脚与 8 脚之间接入一个几十 μF 的电容时，电路增益达到最大值。电路增益可根据实际需要调整。

一个实用的有线对讲电路如图 2-6-1 所示，LM386 接成元件最少的用法，工作在 OTL 状态。该电路中由于 LM386 的电压放大倍数为 20 倍，对输入很小（几毫伏）的音频信号，这个电压放大倍数不能产生足够的音量输出。这里用三极管 VT 进行前置放大，以提高电路的总电压放大倍数。

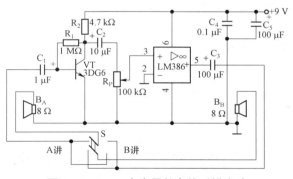

图 2-6-1　一个实用的有线对讲电路

图中 R_2 为 VT 集电极负载电阻，R_1 提供 VT 的偏置电流，C_1、C_2、C_3 分别为输入、输出隔直电容。电位器 R_P 起音量调节的作用。伴随输入信号的变化，输出功率会在大范围内快速波动，由于负载的变化会引起电源电压的变化，所以会造成工作不稳定和电气性能变坏，利用电容 C_4、C_5 两端电压不能瞬时跃变的特点，就可以防止这类现象的发生。电容 C_4、C_5 称为去耦电容，由于电解电容等效电感较大，100 μF 电解电容 C_5 对高频信号的滤波效果不好，故采用小电容 C_4 与之并联，提高对信号的滤波效果。双刀双掷开关 S 用于转换扬声器 B_A、B_B，使之分别为听、讲工作状态。

对这个有线对讲电路稍作改进，就可以应用在办公室、楼层管理、病房呼叫等场合。

此放大器也适合在其他输入信号低的场合使用，例如前置话筒组成小型放大器等。应用时注意，过高的电平信号将使输入端过载，造成严重失真。

4. 实训内容及步骤

（1）根据外观辨认三极管的管脚和极性，用万用表检测验证后，按图 2－6－1 在面包板上组装由三极管构成的前置放大器。

① 接通电源后测量 I_{CQ}、U_{CEQ}，判断工作点是否正常。

② 用函数信号发生器输入幅度为 20 mV、频率为 50～500 Hz 的正弦信号，用示波器观察失真情况，并测出放大倍数。

（2）组装 LM386 及其外围电路并检查，确保无误。

（3）接通电源，在放大器输入端输入幅度为 20 mV、频率为 50～500 Hz 的正弦信号，分别接通 B_A、B_B，喇叭应发出音响，调电位器 R_P，观察输入强度的变化。

（4）S 分别置 A 讲、B 讲，试验对讲机功能是否正常。

5. 实训报告

（1）对实验过程中出现的故障进行仔细分析，找出原因并记录。

（2）处理实验数据，总结本次实训的心得体会并完成实训报告。

（3）完成思考题。

6. 思考题

（1）说明下列晶体三极管型号的意义：3DG6C，3AX31B。

（2）有一只电容器，上面的标志是：CZJX－－－250 V－－－0.033－－－±10%，试说明其意义。

（3）说明下列电容器标志的意义：

104 K100 V	10 nJ100 V
1 nJ400 V	103 M63 V

（4）当需要多路使用（如 4 路）时，对如图 2－6－1 所示电路的有线对讲机应如何改动？

实训 2.7　语音提示告警电路的安装与调试

1. 实训目的

（1）了解语音提示告警集成电路（简称语音告警电路）的使用方法。

（2）学会一种语音电路的安装与调试方法。

2. 实训设备及器件

（1）实训设备：直流电源 1 台，万用表 1 只，面包板 1 块。

（2）实训器件：语音告警电路 HCF5209，LM386，喇叭，二极管，电阻，电容。

3. 实训电路及说明

语音提示告警电路是一种根据需要可以发出人的语言声音的集成电路。这种电路一般以软封装方式封装在线路板上，它性能稳定，语言清晰逼真，使用灵活方便，在一些特定场合可以替代人起到语音提示、告警的作用。例如，汽车导航仪在汽车超速时会发出"您已超速"的声音，以提醒驾驶员减速。再如，为了防止发生触电事故，在一些高压电器、变电所、高压开关柜等危及人身安全的场合，常用到"有电危险，请勿靠近"的语音告警电路。

有一种常用的"有电危险，请勿靠近"语音告警电路，型号为 HCF5209，采用软封装形式，其外形及典型应用如图 2-7-1 所示。

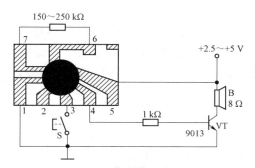

图 2-7-1　语音告警电路 HCF5209

该电路板第 5、1 脚是电源正、负端，第 3 脚是触发端，低电平有效，触发一次，电路便输出三次"有电危险，请勿靠近"的语音信号。若将 3 脚直接接地，则电路将重复发出上述语音信号。第 6、7 脚间所接电阻的大小决定语音输出速度，可适当调整。语音信号由第 4 脚输出，经三极管 9013 放大后驱动扬声器 B 发声。当需要语音告警电路发出宏亮的告警声音时，可另接一功放电路，其电路图如图 2-7-2 所示。

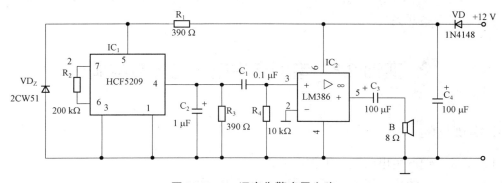

图 2-7-2　语音告警应用电路

图中使用 LM386 功放集成电路作为语音电路 HCF5209 的接续放大器。电路中由二极管 VD 做电源极性保护，即使接错电源，也不会烧坏电路。由于语音电路 HCF5209 的工作电压较低（2.5～5 V），所以电路中 R_1 与稳压二极管 VD_Z 组成了简单的稳压电路，使电源电压降为稳定的低电压（约 3 V）供语音电路使用。电路中 C_2 为滤波电容，其作用是改善语音的音色。图 2-7-2 中的电路可利用 IC_1 的第 3 脚与被动式红外探测器或其他传感器配套使用，组成自动报警电路。

4. 实训内容及步骤

（1）由于语音告警电路 HCF5209 为软封装电路，在面包板组装电路时需要为各管脚焊接一条直径为 0.5～0.7 mm，长为 8～10 cm 的单股导线，作为实验连接之用。注意：由于 HCF5209 为 CMOS 集成电路，该类电路在焊接时，容易因感应电烙铁所带电荷而损坏，使用电烙铁焊接引线的正确操作方法是：使用外壳接地的电烙铁，或在焊接操作时拔掉电烙铁电源，利用余热焊接。

（2）按图 2-7-2 进行电路组装，最后将已焊好引线的语音告警电路 HCF5209 各管脚接入电路的相应位置。

（3）通电检测电路效果，并以接通、断开的方式试验 HCF5209 第 3 脚的触发作用。

（4）改变电阻 R_2 的阻值（150～250 kΩ），观察发音速度有何改变并记录。

（5）取下电容 C_2，通电试听，与有滤波电容时的效果进行比较，检验电容 C_2 在改善语音音色方面的作用。

5. 实训报告

（1）对实验过程中出现的故障进行仔细分析，找出原因并记录。

（2）处理实验数据，总结本次实训的心得体会并完成实训报告。

（3）完成思考题。

6. 思考题

（1）电路中电阻 R_2 与电容 C_1、C_2 的作用分别是什么？

（2）电路中二极管 VD 与稳压管 VD_Z 的作用有何不同？

（3）请你设计一个利用语音告警电路 HCF5209 第 3 脚触发端组成自动开门告警电路（提示：可以使用微动开关）。

 # 实训 2.8　音调产生电路的安装与调试

1. 实训目的

（1）了解音调产生电路及其工作原理。

（2）掌握单电源集成运放的工作原理及电压比较器的工作特性。

（3）熟悉电容充放电作用。

2. 实训设备及器件

（1）实训设备：直流稳压电源 1 台，示波器 1 台，函数信号发生器 1 台，万用表 1 只，面包板 1 块。

（2）实训器件：集成运放 LM324，二极管，三极管 3DG12，电阻，电容。

3. 实训电路及说明

音调产生电路如图 2-8-1 所示。

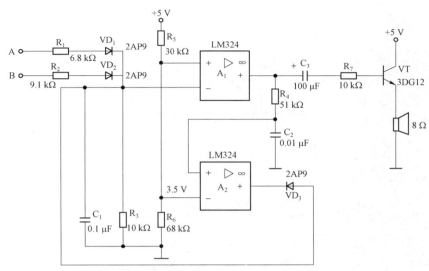

图 2-8-1　音调产生电路

A_1 和 A_2 这两个集成运放 LM324 组成音调产生电路，VT 构成音调放大电路。两输入端 A、B 可作为一个逻辑信号输入电路，要求音调产生电路在 $U_A = U_B = 0$ V（低电平）时喇叭不发声。当 $U_A = 5$ V（高电平）、$U_B = 0$ V 时，喇叭发出频率为 1 kHz 的音响；当 $U_A = 0$ V、$U_B = 5$ V（高电平）时，喇叭的音响频率稍低，如 800 Hz。以喇叭是否发声及音调高低来区分 A、B 端的逻辑电平状态。本电路工作原理如下。

1）当 $U_A = U_B = 0$ V（低电平）时

此时，由于 A、B 两端均为低电平，二极管 VD_1 和 VD_2 截止。A_1 的同相输入端、A_2 的反相输入端由 R_5、R_6 分压保证为 3.5 V，A_2 的同相输入端接电容 C_2，由于 U_{C2} 是一个随时间按指数规律变化的电压，故 A_2 输出电压不能确定，但这个电压肯定大于或等于 3.5 V，A_2 输出为高电平，VD_3 截止。由于 VD_1、VD_2 和 VD_3 均处于截止状态，电容 C_1 没有充电回路，U_{C1} 将保持 0 V 不变，使 A_1 输出保持在高电平。由于 C_3 的隔直作用，VT 截止，喇叭不会发出声响。

2）当 $U_A = 5$ V、$U_B = 0$ V 时

此时 VD_1 导通，电容 C_1 通过 R_1 充电，U_{C1} 按指数规律逐渐升高，由于 A_1 同相输入端电压为 3.5 V，所以在 U_{C1} 达到 3.5 V 之前，A_1 输出端电压为 5 V，C_2 通过 R_4 充电，C_1 的充电时间常数为 $\tau_1 = C_1 R_1$，C_2 的充电时间常数为 $\tau_2 = C_2 (R_4 + r_{o1})$，其中 r_{o1} 为 A_1 的输出电阻。因为 $\tau_2 < \tau_1$，则在 C_1 和 C_2 充电时，当 U_{C1} 达到 3.5 V 时，U_{C2} 已接近稳态时的 5 V。故在 U_{C1} 升高到 3.5 V 后，A_1 同相端电压小于反相端电压，输出由 5 V 跳变为 0 V，使 C_2 通过 R_4 和 r_{o1} 放电，U_{C2} 由 5 V 逐渐降低。当 U_{C2} 降到 A_2 反相端电压（3.5 V）时，A_2 输出端电压跳变为 0 V，二极管 VD_3 导通，C_1 通过 VD_3 和 A_2 的输出电阻放电。因为 A_2 输出电阻及 VD_3 的导通电阻均很小，所以 U_{C1} 将迅速下降到 0 V，导致 A_1 反相端电压小于同相端电压，A_1

的输出电压又跳变到 5 V，C_1 再一次充电。如此周而复始，将在 A_1 输出端形成矩形脉冲信号。U_{C1}、U_{C2} 和 U_O 的波形图及时序关系如图 2-8-2 所示。由给定的电路参数可算得 U_O 的重复频率约为 1 kHz，经 VT 电流放大后驱动喇叭发出声响。

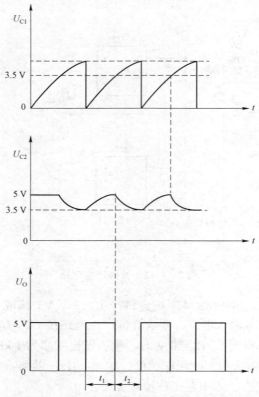

图 2-8-2 U_{C1}、U_{C2} 和 U_O 的波形及时序关系图

3）当 $U_A = 0$ V、$U_B = 5$ V 时

此时，电路的工作过程与 $U_A = 5$ V、$U_B = 0$ V 时相同，唯一的区别是由于 VD_2 导通、VD_1 截止，U_B 高电平通过 R_2、VD_2 向 C_1 充电，$\tau_1 = C_1 R_2$，若 $R_2 > R_1$，则 U_O 的周期将大于当 $U_A = 5$ V、$U_B = 0$ V 时的周期。由电路给定的参数可以算得此时 U_O 的重复频率约为 800 Hz，经 VT 电流放大后驱动喇叭发出声响。

4. 实训内容及步骤

（1）按图 2-8-1 在面包板上进行电路组装，无误后接通 +5 V 电源，LM324 的管脚功能参见附录 C.2。

（2）当 $U_A = U_B = 0$ V 时，用示波器观察 U_O，应为一个直流电平，万用表直流电压挡测得 U_O 应为 5 V 左右，实测 $U_O =$ __V。

（3）当 $U_A = 5$ V、$U_B = 0$ V 时，用示波器观察 U_O 的周期是否为 1 ms。如有偏差，可调整 R_1 的电阻值，使之为 1 ms。实测波形周期 $T =$ __ms，幅值 $U_{om} =$ __V。

（4）当 $U_A = 0$ V、$U_B = 5$ V 时，用示波器观察 U_O 的周期是否为 1.25 ms。实测波形周期 $T =$ __ms，幅值 $U_{om} =$ __V。

5. 实训报告

（1）说明电路的工作原理。

（2）记录所测数据、波形，并进行分析。

（3）完成思考题。

6. 思考题

（1）对照图 2−8−2 中的波形图，分析图 2−8−1 中电路的工作原理。

（2）由图 2−8−1 所给电路参数，忽略集成运放和二极管正向导通电压，由一阶电路的响应特性知，U_O 波形周期 $T = t_1 + t_2 = 1.2\,\tau_1 + 0.36\,\tau_2$，试分别计算在 $U_A = 5\ \text{V}$、$U_B = 0\ \text{V}$ 和 $U_A = 0\ \text{V}$、$U_B = 5\ \text{V}$ 时的 U_O 的周期。

 # 实训 2.9　OTL 功率放大器的安装与调试

1. 实训目的

（1）了解 OTL 电路的组成及工作原理。

（2）学会分立元件电子电路的安装及调试方法。

（3）学会功率放大器功率、效率的测试方法。

2. 实训设备及器件

（1）实训设备：直流电源 1 台，函数信号发生器 1 台，双踪示波器 1 台，交流毫伏表 1 台，万用表 1 只，面包板 1 块。

（2）实训器件：二极管，三极管 9014、3DG12、3CG12，8 Ω 喇叭，电位器，电阻，电容。

3. 实训电路及说明

图 2−9−1 为一互补对称的 OTL 低频功率放大器电路，VT_1 组成前置放大级（推动级），VT_2、VT_3 是参数对称的 NPN 和 PNP 型三极管，组成互补推挽 OTL 功放电路。由于 VT_2、VT_3 均接成射极跟随器形式，具有输出电阻低、带负载能力强等优点。图中，VT_1 工作于甲类状态，其集电极电流 I_{C1} 由电位器 R_{P1} 调节；I_{C1} 的一部分流经电位器 R_{P2} 与二极管 VD，给 VT_2、VT_3 提供偏压。调节 R_{P2}，可以使 VT_2、VT_3 取得合适的静态电流，工作于甲、乙类状态，以克服交越失真。静态时要求输出端中点 A 的电位 $U_A = \dfrac{1}{2} V_{CC}$，可以通过调节 R_{P1} 来实现。又由于 R_{P1} 的一端接在 A 点，所以在电路中引入交、直流电压并联负反馈，这样既能稳定放大器静态工作点，又改善了非线性失真。

工作特性：当输入正弦交流信号 u_I 时，经前置放大、倒相后输出，同时作用于 VT_2、VT_3 的基极，u_I 的负半周使 VT_2 导通（VT_3 截止），电流通过负载 R_L，同时向电容 C_4 充电；

u_1 的正半周使 VT$_3$ 导通（VT$_2$ 截止），已充好电的电容 C$_4$ 这时起电源的作用，通过负载 R$_L$ 放电，这样在负载 R$_L$ 上就可以得到完整的正弦波信号。

　　电路中 C$_2$ 与 R$_6$ 构成自举电路，用于提高输出电压正半周的幅度，这样可以得到比较大的动态范围。

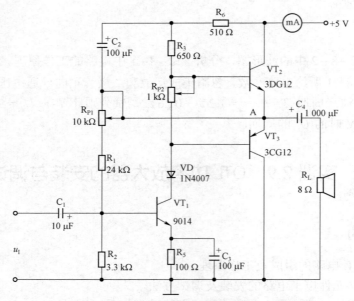

图 2-9-1　互补对称的 OTL 低频功率放大器电路

OTL 功放电路的主要参数：

　　① 最大不失真输出功率 P_{om}。在理想情况下，$P_{om} = \dfrac{1}{8} \cdot \dfrac{V_{CC}^2}{R_L}$，实验中可通过测量 R$_L$ 两端的电压有效值，来求得实际的 $P_{om} = \dfrac{u_O^2}{R_L}$。

　　② 效率 $\eta = \dfrac{P_{om}}{P_E} \times 100\%$。式中，$P_E$ 为直流电源供给的平均功率。在理想情况下，$\eta_{max} = 78.5\%$。实验中可测量电源供给的平均电流 I_{dc}，求得 $P_E = V_{CC} \cdot I_{dc}$，负载上的交流功率已用上述方法求出，这样就可以计算实际功率了。

　　③ 输入灵敏度，即为在输出最大不失真功率时输入信号 u_1 的值。

4. 实训内容及步骤

1）静态工作点的调试

　　按照图 2-9-1 在面包板上连接实验电路，在 +5 V 电源的进线中串接万用表的直流毫安挡，观察表头指示，同时用手触摸 VT$_2$、VT$_3$ 晶体管外壳。若温升显著，说明电流过大，应立即断开电源连线，检查原因（有可能是 R$_{P2}$ 开路或电路自激，或者 VT$_2$、VT$_3$ 晶体管性能较差等）。若无异常现象，即可开始调试（电路不应有自激现象）。

　　① 调节输出中点电位 U_A：调节电位器 R$_{P1}$，用万用表直流电压挡测量 A 点的电位，使

$U_A = \dfrac{V_{CC}}{2}$。

② 调整输出级静态电流及测试各级静态工作点，调节电位器 R_{P2}，使 VT_2、VT_3 管的 $I_{C2} = I_{C3} = 5 \sim 10$ mA。从减小交越失真的角度看，应适当增加输出级的静态电流，但此电流过大，会降低效率，所以一般调节在 $5 \sim 10$ mA 为宜。由于万用表是串接在电源进线中，所以测得的是整个放大器的工作电流，因 VT_1 的工作电流 I_{C1} 较小，所以可以把测得的总电流近似看作输出级的静态电流。

③ 输出级静态电流调整好以后，测量三极管 VT_1、VT_2、VT_3 对应的集电极电位 U_C、基极电位 U_B、发射极电位 U_E 各级静态工作点，记入表 2 – 9 – 1 中。

表 2 – 9 – 1　静态工作点的电位测量结果

	VT_1	VT_2	VT_3
U_B/V			
U_C/V			
U_E/V			

请注意：在调节 R_{P2} 时，注意旋转方向，不要调节过猛，不能导致开路状态，以免损坏管子；输出管静态电流调准以后，不要随意再去旋动 R_{P2}。

2）最大输出功率 P_{om} 和效率 η 的测试

① 测量 P_{om}。在输入端接入 $f = 1$ kHz 的正弦信号 u_I，输出端用示波器观察输出电压 u_O 波形。随后逐渐增大 u_I，使输出电压达到最大不失真输出，用交流毫伏表测出负载 R_L 上的电压 U_{om}，最后利用公式 $P_{om} = \dfrac{U_{om}^2}{R_L}$ 求出 P_{om} 的值。

② 测量 η。当输出电压为最大不失真输出时，读出此时万用表毫安挡上的电流值，此电流值即为直流电流供给的平均电流 $\bar{I}_{dc}$（存在误差），由此可以近似地求得 $P_E = V_{CC} \cdot \bar{I}_{dc}$，然后由已测得的 P_{om} 值根据公式 $\eta = \dfrac{P_{om}}{P_E} \times 100\%$ 求出 η 的值。

3）输入灵敏度测试

按输入灵敏度的定义，只需测出输出功率 $P_O = P_{om}$ 时的输入电压值 u_I 即可。

5. 实训报告

（1）整理实验所得数据，计算静态工作点、最大不失真输出功率 P_{om}、效率 η 等，并与理论值进行比较。

（2）分析电路中 C_2 与 R 构成的自举电路的作用。

（3）讨论在实验中发生的问题和解决方法。

（4）完成思考题。

6. 思考题

（1）为什么引入自举电路能够扩大输出电压的动态范围？

（2）产生交越失真的原因是什么？怎样克服交越失真？

（3）电路有自激现象，应如何消除？

（4）为不损坏输出管，调试中应注意什么问题？

（5）电路中电位器 R_{P2} 如开路或短路，对电路工作有何影响？

 ## 实训 2.10　电压–频率转换电路的安装与调试

1. 实训目的

（1）了解电荷平衡式电压–频率（V/F）转换电路的工作原理。

（2）熟悉双电源集成运放的安装与调试方法。

（3）掌握脉冲频率的测量方法。

2. 实训设备及器件

（1）实训设备：双路直流稳压电源 1 台，双踪示波器 1 台，万用表 1 只，面包板 1 块。

（2）实训器件：集成运放 F741，稳压二极管，硅二极管，电位器，电阻。

3. 实训电路及说明

电压–频率（V/F）转换电路的功能是将输入直流电压转换成频率与其数值成正比的输出电压，故也称电压控制振荡电路（VCO），简称压控振荡电路。通常，它能够输出矩形波。一般认为，电压–频率转换电路是一种模拟量到数字量的转换电路，即模–数转换电路。电压–频率转换电路广泛应用于模拟–数字信号的转换、调频、遥控、遥测等各种设备之中。其电路形式很多，本次实训仅介绍由集成运放构成的电荷平衡式电压–频率转换电路，如图 2–10–1 所示。

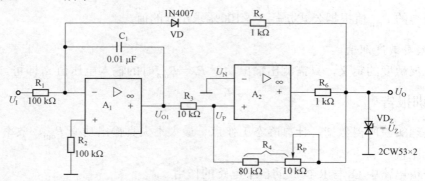

图 2–10–1　由集成运放构成的电荷平衡式电压–频率转换电路

由图 2–10–1 所示电路可知，电荷平衡式 V/F 转换电路由 A_1 组成的积分电路、A_2 组成的滞回电压比较器和作为电子开关的 VD 三部分组成，其工作原理如下：

设 U_I 为外加直流控制信号，且 $U_I>0$，A_2 的输出电压 U_O 高电平为 U_Z，低电平为 $-U_Z$，反相输入端直接接地，$U_N=0$ V。

若初态 $U_O = U_{OH} = U_Z$，A_2 的 $U_P > U_N$，U_O 维持 U_{OH}，二极管 VD 截止，相当于电子开关 S 断开。由于 $U_I > 0$，积分电路对输入电流 $i_I\left(=\dfrac{U_I}{R_1}\right)$ 积分，电容 C_1 充电，$\tau_{充} = R_1 C_1$，U_{O1} 随时间逐渐下降，使 U_P 也下降，直至 $U_P = U_N = 0\ \mathrm{V}$，$U_O$ 由 U_{OH} 跳变到 $U_{OL} = -U_Z$，VD 导通（相当于 S 闭合），电容 C_1 通过二极管导通电阻 r_D、限流电阻 R_6、稳压二极管导通电阻放电，$\tau_{放} \approx R_6 C$，且 $\tau_{放} \ll \tau_{充}$，U_{O1} 迅速上升。当 U_O 由 U_Z 跳变为 $-U_Z$ 瞬间，U_P 也跳变为负电压，这时由于 U_{O1} 上升使 U_P 也迅速上升，一旦 U_P 上升到 $0\ \mathrm{V}$ 时，U_O 又由 U_{OL} 跳变到 U_{OH}，VD 重新截止，积分电路又开始负向积分，周而复始。U_{O1} 为锯齿波，U_O 为脉冲波，波形如图 2-10-2 所示。

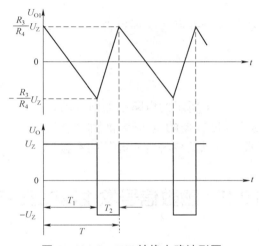

图 2-10-2　V/F 转换电路波形图

由图 2-10-2 知，振荡周期 $T = T_1 + T_2$，由于 $\tau_{放} \ll \tau_{充}$，故 $T_1 \gg T_2$，工程上一般对 V/F 转换电路的振荡周期估算公式为：$T = T_1 + T_2 \approx T_1 = \dfrac{2R_1 R_3 C_1}{R_4} \dfrac{U_Z}{U_I}$，

振荡频率为：$f \approx \dfrac{R_4}{2R_1 R_3 C_1} \dfrac{U_I}{U_Z}$

当电路参数取定、U_Z 也取定时，则 V/F 转换系数 $K = \dfrac{R_4}{2R_1 R_3 C_1 U_Z}$ 也随之确定下来，$f = KU_I$，实现振荡频率与外加控制电压成正比。

4. 实训内容及步骤

（1）按图 2-10-1 在面包板上组装实验电路，F741 的管脚功能参见附录 C.2。要求合理布局，安装连接无误，取集成运放电源电压为 $\pm 12\ \mathrm{V}$，接通电源。

（2）自行设计一个直流信号源，提供外加控制电压 U_I。调直流信号源使 $U_I = 1\ \mathrm{V}$，调 R_4 中的电位器 R_P 的活动端，首先使电路起振。

①　若不能起振，应检查电路连接是否有误，如二极管 VD 极性是否正确，稳压二极管上应没有稳压值，A_1 反相输入端电位是否接近于 $0\ \mathrm{V}$ 等。

② 反复调节 R_P 活动端，若还不能起振，可考虑加大 R_P 值以扩展 R_P 调节范围。

（3）起振后调节 R_P 活动端，用示波器观察输出波形 U_O、U_{O1}，其周期应随之变化。将 U_O 波形的周期调整为 10 ms，即 $f = 100$ Hz。

（4）分别测量 U_I 为 1 V、2 V、3 V、4 V、5 V、10 V 时的 U_O 波形的周期 T，计算所对应的 V/F 转换系数，画出 V/F 特性曲线，讨论 V/F 转换器的线性度。

5. 实训报告

（1）对实验过程中出现的故障进行仔细分析，找出原因并记录。

（2）整理实验数据，并进行正确处理，画出 V/F 特性曲线，并讨论线性度和转换精度，分析产生误差的原因。

（3）总结本次实训的心得体会并完成实训报告。

（4）完成思考题。

6. 思考题

（1）若 $U_I < 0$，如图 2-10-1 所示的电路应如何改动？

（2）试画出 A_2 组成的滞回比较器的电压传输特性曲线。

（3）调节 V/F 转换系数，可以改变哪几个元件的参数？

实训 2.11 函数信号发生器的安装与调试

1. 实训目的

（1）了解集成函数信号发生器 ICL8038 的工作原理及使用方法。

（2）学会波形的调整与参数的测试方法。

2. 实训设备及器件

（1）实训设备：直流电源 1 台，双踪示波器 1 台，交流毫伏表 1 台，万用表 1 只，面包板 1 块。

（2）实训器件：ICL8038，电位器，电阻，电容。

3. 实训电路及说明

在电子技术实验领域，经常需要使用多种不同波形的电振荡信号，如正弦波、三角波、矩形波等。我们把能够产生多种波形的电路称为函数信号发生器。

ICL8038 是一种性能优良的单片函数信号发生器专用集成电路。它只需要外接少量阻容元件，就可以产生频率范围为 0.001 Hz～300 kHz 的低失真正弦波、三角波和矩形波。输出矩形波的占空比和正弦波的失真度均可调，工作电压范围宽，输出信号幅度大于 1 V，使用十分方便。此外，由于该集成电路具有调频信号输入端，所以可以用来对低频信号进行频率调制。ICL8038 的管脚图如图 2-11-1 所示，其主要技术参数如下：

（1）可同时输出任意的三角波、矩形波和正弦波；

（2）频率范围：0.001 Hz～300 kHz；

（3）占空比范围：2%～98%；

（4）正弦波失真度：1%；

（5）温度漂移：50 ppm/℃；

（6）三角波输出线性度：0.1%；

（7）工作电源：±5～±12 V 或者 12～25 V。

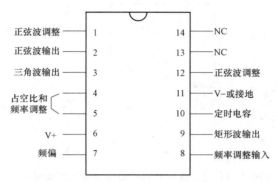

图 2-11-1　ICL8038 管脚图

由 ICL8038 组成的简单函数信号发生器电路如图 2-11-2 所示。该电路可同时产生正弦波、三角波、矩形波，波形频率可在 10 Hz～100 kHz 范围内连续变化。ICL8038 的外围阻容网络由 R_P、C_1～C_4 组成，它们共同决定了电路的振荡频率；4 个不同挡位的电容决定频率的倍数，而 R_{P1} 则完成频率范围的微调，以获得所需的输出频率。为确保输出波形的对称度及失真度，电阻 R_2、R_3、R_4 的精度要求为 ±1%。

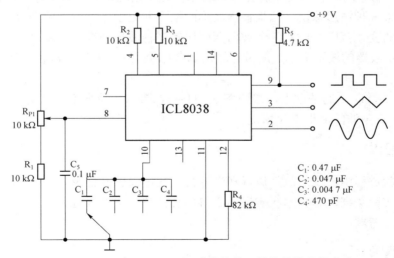

图 2-11-2　由 ICL8038 组成的简单函数信号发生器电路

在要求不高的场合，如图 2-11-2 所示的电路完全可以满足使用要求。但需要注意的是，该电路三种波形的输出信号电压幅度只有 1 V 左右，且带载能力较差，这就需要接续放大电路，才能使输出信号电压幅度得到提高。在对信号波形的占空比、失真度等参数要求比较严格的场合，可以采用如图 2-11-3 所示的电路，组成一个矩形波占空比、三角波斜率、正弦波失真度均可调的函数信号发生器。图中 R_{P2} 为矩形波占空比及三角波斜率调整电位器，R_{P3}、R_{P4} 为正弦波失真度调整电位器。

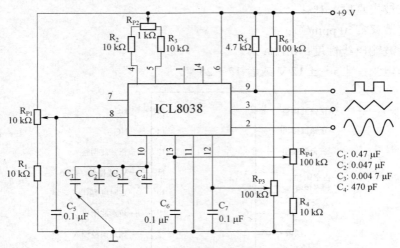

图 2-11-3　波形可调的函数信号发生器电路

4. 实训内容及步骤

（1）按图 2-11-2 在面包板上组装实验电路，用作频率范围调整的电容 $C_1 \sim C_4$ 可选其中一只（如 0.047 μF）插入电路。电阻 R_2、R_3、R_4 应选用允许标准误差为 ±1% 的元件，并用万用表认真测量，满足要求方可使用。

（2）接通电源，用示波器观察有无波形输出，若无则应认真检查电路。检查无误后，用示波器分别观察三种波形输出，测量输出波形的幅度并记录。调整电位器 R_{P1}，测量各种波形的输出频率的变化范围；用双踪示波器两两比较三种波形的频率和幅度。

（3）通过示波器的波形显示，测量计算出调节电位器 R_{P2} 时矩形波占空比的最大值与最小值。

（4）在图 2-11-2 的基础上，参照图 2-11-3，接入电位器 R_{P3}、R_{P4}，观察调整 R_{P3}、R_{P4} 时矩形波、三角波的波形变化情况。

5. 实训报告

（1）对实验过程中出现的故障进行仔细分析，找出原因并记录。
（2）处理实验数据，总结本次实训的心得体会并完成实训报告。
（3）完成思考题。

6. 思考题

由 RC 振荡电路组成的信号发生器，通常都是通过波段开关切换电容器的容量来变换频率倍率，通过调节电位器来实现频率范围微调，这是为什么？

实训 2.12　秒信号发生器的安装与调试

1. 实训目的

（1）掌握用石英晶体谐振器和分频器产生标准秒信号的方法。
（2）了解石英晶体谐振器的性质和功能。
（3）学会脉冲信号周期的测量方法。
（4）了解计数器的分频作用。

2. 实训设备及器件

（1）实训设备：直流稳压电源 1 台，示波器 1 台，万用表 1 只，面包板 1 块。
（2）实训器件：石英晶体（32.768 kHz），14 分频器 CD4060，计数器 74LS160，电阻，电容。

3. 实训电路及说明

1）石英晶体

在数字时钟和某些电子仪器仪表中，经常需要用秒信号作为时间基准。而作为时间基准振荡信号的频率必须是高度稳定的。研究发现，由石英晶体组成的石英晶体振荡器具有很好的频率稳定性，其稳定性要远远胜于受温度、电源电压波动及 RC 参数误差影响的多谐振荡器。

石英晶体是一种具有压电效应的压电晶体。若在石英晶体两极加一电场，晶片会产生机械变形；若在晶片上施加机械压力，则在晶片相应的方向上会产生一定的电场。这种物理现象称为压电效应。因此，当晶片的两极加上交变电压时，晶片就会产生机械振动，同时晶片的机械振动又会产生交变电场。在一般情况下，晶片机械振动的振幅和交变电场的振幅都非常小，只有在外加交变电场的频率为某一特定频率时，振幅才会突然变大，这时的振幅将比一般情况下的振幅大得多，这种现象称为压电振谐。这与 LC 回路的谐振现象十分相似。因此，石英晶体又称为石英谐振器。上述特定频率称为石英晶体的固有频率或谐振频率，谐振频率的值由振子的切割方向和几何尺寸决定。石英晶体的电路符号及内部等效电路如图 2－12－1 和图 2－12－2 所示。

图 2－12－1　石英晶体的电路符号

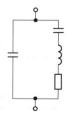

图 2－12－2　石英晶体内部等效电路

　　石英晶体具有很好的选频特性。当振荡信号的频率和石英晶体的固有谐振频率 f_0 相同时，石英晶体呈现很低的阻抗，信号很容易通过，而其他频率的信号则被衰减掉，图 2-12-3 反映了石英晶体的阻抗频率特性。因此，将石英晶体串接在多谐振荡器的回路中就可组成石英晶体振荡器，这时，振荡频率只取决于石英晶体的固有谐振频率 f_0，而与 RC 无关。在对称式多谐振荡器的基础上，串接一只石英晶体，就可以构成一个石英晶体振荡器电路，如图 2-12-4 所示。该电路将产生稳定度极高的矩形脉冲波，其振荡频率由石英晶体的串联谐振频率 f_0 决定。

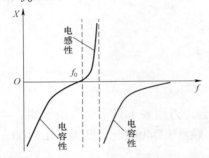

图 2-12-3　石英晶体的阻抗频率特性

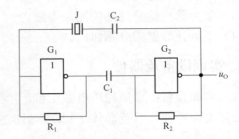

图 2-12-4　石英晶体振荡器电路

　　2）14 位二进制串行计数器 CD4060

　　CD4060 是由一振荡器和 14 级二进制串行计数器位组成的二进制串行计数/分频/振荡电路，其管脚图如图 2-12-5 所示，重要管脚的功能如表 2-12-1 所示。它主要由两部分组成，一部分是 14 级二分频器，其最高分频数为 16 384（2^{14}），且从第 4 级开始到 14 级，除无 Q11 端外，每级都有输出端子（见图中 Q4～Q14），典型计数时钟频率可达 12 MHz；另一部分是振荡器，外接不同的元件可组成 RC 振荡器或石英晶体振荡器，振荡器的最高工作频率可达 690 kHz 以上。

```
Q12  ┌1      16┐  VDD
Q13  ┤2      15├  Q10
Q14  ┤3      14├  Q8
Q6   ┤4      13├  Q9
Q5   ┤5      12├  R
Q7   ┤6      11├  CP1
Q4   ┤7      10├  CP0
VSS  ┤8       9├  CP0
```

图 2-12-5　CD4060 管脚图

表 2-12-1　CD4060 重要管脚的功能表

管脚	CP1	CP0	$\overline{CP0}$	Q4～Q10，Q12～Q14	VDD	VSS
功能	时钟输入端	时钟输出端	反向时钟输出端	计数器输出端	正电源	地

　　3）实训电路及工作原理

　　秒信号发生器实训电路如图 2-12-6 所示，该电路使用 CD4060，并外接钟表用石英晶体及电阻、电容与振荡电路，产生 32.768 kHz 方波信号。经 CD4060 内部的分频器，可获得对 32.768 kHz 方波信号进行 $2^4 \sim 2^{14}$ 级分频后的各种信号。

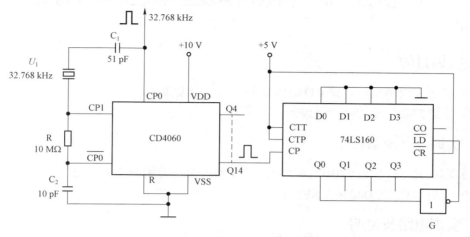

图 2-12-6　秒信号发生器实训电路

由于 CD4060 的内部分频器最高分频数为 2^{14}，所以最后只能得到 0.5 s 信号，如果需要标准秒信号，可以使用一级二分频来完成。图中，由同步十进制加法计数器 74LS160 与反相器 G 构成一个二进制（二分频）计数器。74LS160 的管脚图参见附录 C.3，功能表可参见第 3 单元实训 3.4。将 CD4060 的 Q14 作为 CP 脉冲送到 74LS160 的 2 脚 CP 端，并将 74LS160 置于计数工作状态，即可从 74LS160 的 Q0 端（14 脚）得到 2 分频的秒脉冲。

4. 实训内容及步骤

（1）按图 2-12-6 电路组装，用示波器或频率计测量集成电路 CD4060 第 9 脚，应有 32.768 kHz 的振荡信号，对应 Q4～Q14 各端（Q11 除外）有分频信号的方波输出，测出并记录 Q4～Q14 各端口（Q11 除外）的波形频率。

（2）将计数器 74LS160 置于计数工作状态，用周期为 0.5 s 方波周期信号作为 CP 脉冲，测量并记录 Q0～Q3 端的周期。

（3）将 CD4060 的 3 脚输出接 74LS160 的 2 脚引入时钟信号，测量计数器 Q0 端的周期。

5. 实训报告

（1）记录并画出 CD4060 的 9 脚以及 Q4～Q14 端（Q11 除外）的波形及频率。
（2）记录并画出 74LS160 输出端口 Q0～Q3 的时序图（标出各自频率）。
（3）完成思考题。

6. 思考题

（1）在图 2-12-4 中，振荡频率与外接电阻、电容有无关系，为什么？
（2）请用 CD4060 为篮球比赛设计一个 24 s 的计时电路。

实训 2.13　扫频信号发生器的安装与调试

1. 实训目的

（1）了解集成锁相环电路 CD4046 的基本原理及功能。

（2）熟悉扫频信号的特点及波形。

2. 实训设备及器件

（1）实训设备：直流稳压电源 1 台，示波器 1 台，万用表 1 只，面包板 1 块。

（2）实训器件：CD4046，NE555，三极管，电阻，电容。

3. 实训电路及说明

1）锁相环

锁相的意义在于相位同步的自动控制。能够完成两个电信号相位同步的自动控制闭环系统叫作锁相环，简称 PLL。它广泛应用于广播通信、频率合成、自动控制及时钟同步等技术领域。锁相环主要由相位比较器（PD）、压控振荡器（VCO）、低通滤波器（LPF）三部分组成，如图 2-13-1 所示。

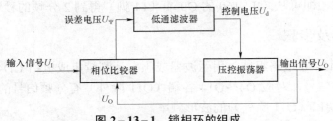

图 2-13-1　锁相环的组成

压控振荡器的输出 U_O 接至相位比较器的一个输入端，其输出频率的高低由低通滤波器上建立起来的控制电压 U_d 的大小决定。施加于相位比较器另一个输入端的外部输入信号 U_I 与来自压控振荡器的输出信号 U_O 相比较，比较结果产生的误差电压 U_Ψ 正比于 U_I 和 U_O 两个信号的相位差，经过低通滤波器滤除高频分量后，得到一个控制电压 U_d。这个 U_d 朝着减小 VCO 输出频率和输入频率之差的方向变化，直至 VCO 输出频率和输入信号频率一致。这时两个信号的频率相同，两相位差保持恒定（即同步），称作相位锁定。

当锁相环入锁时，它还具有"捕捉"信号的能力，VCO 可在某一范围内自动跟踪输入信号的变化，如果输入信号频率在锁相环的捕捉范围内发生变化，锁相环能捕捉到输入信号频率，并强迫 VCO 锁定在这个频率上。锁相环应用非常灵活，如果输入信号频率 f_I 不等于 VCO 输出信号频率 f_O，而要求两者保持一定的关系，例如比例关系或差值关系，则可以在外部加入一个运算器，以满足不同工作的需要。

2）CD4046 锁相环集成电路

过去的锁相环多由分立元件和模拟电路构成，现在常用的集成电路锁相环 CD4046 是通用的 CMOS 锁相环集成电路,其特点是电源电压范围宽(3~18 V),输入阻抗高(约 100 MΩ),动态功耗小,在中心频率 f_0(10 kHz)下功耗仅为 600 μW,属微功耗器件。CD4046 的管脚图如图 2-13-2 所示,采用 16 脚双列直插式,各管脚功能如下:

① 1 脚:相位输出端,环路入锁时为高电平,环路失锁时为低电平;

② 2 脚:相位比较器 1 的输出端;

③ 3 脚:比较信号输入端;

④ 4 脚:压控振荡器输出端;

⑤ 5 脚:禁止端,高电平时禁止压控振荡器工作,低电平时允许压控振荡器工作;

⑥ 6、7 脚:外接振荡电容;

⑦ 8、16 脚:电源的负端和正端;

⑧ 9 脚:压控振荡器的控制端;

⑨ 10 脚:解调输出端,用于 FM 解调;

⑩ 11、12 脚:外接振荡电阻;

⑪ 13 脚:相位比较器 2 的输出端;

⑫ 14 脚:信号输入端;

⑬ 15 脚:内部独立的齐纳稳压管负极。

图 2-13-3 是 CD4046 内部电路原理框图,主要由相位比较器 1、相位比较器 2、压控振荡器(VCO)、线性放大器、源跟随器、整形电路等部分构成。相位比较器 1 采用异或门结构,当 U_I、U_O 的电平状态相异时(即一个为高电平,另一个为低电平),输出端信号 U_Ψ 为高电平;当 U_I、U_O 电平状态相同时(即两个均为高电平或均为低电平),U_Ψ 输出为低电平;当 U_I、U_O 的相位差 $\Delta\phi$ 在 0°~180° 范围内变化时,U_Ψ 的脉冲宽度亦随之改变,即占空比亦在改变。

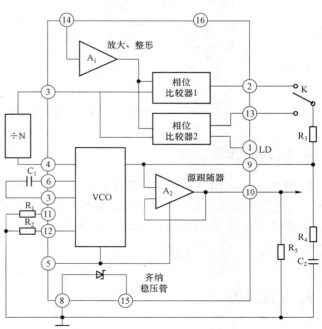

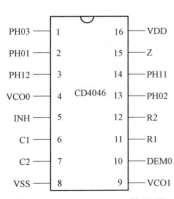

图 2-13-2　CD4046 管脚图　　　　图 2-13-3　CD4046 内部电路原理框图

CD4046 工作原理如下：输入信号 U_1 从 14 脚输入后，经放大器 A_1 进行放大、整形后加到相位比较器 1、相位比较器 2 的输入端，图 2-13-3 中的开关 K 拨至 2 脚，则相位比较器 1 将对从 3 脚输入的比较信号 U_O 与输入信号 U_1 做相位比较，相位比较器 1 输出的误差电压 U_ψ 则反映出两者的相位差。U_ψ 经 R_3、R_4 及 C_2 滤波后得到一控制电压 U_d，加至压控振荡器（VCO）的输入端 9 脚，调整 VCO 的振荡频率 f_0，使 f_0 迅速逼近信号频率 f_1。VCO 的输出又经除法器再进入相位比较器 1，继续与 U_1 进行相位比较，最后使得 $f_0=f_1$，两者的相位差为一定值，实现了相位锁定。若开关 K 拨至 13 脚，则相位比较器 2 工作，过程与上述相同，不再赘述。

　　3）扫频信号发生器

　　所谓扫频是指信号在一定范围内，频率由高到低（或由低到高）循环连续变化的过程。在如图 2-13-4 所示的电路中，利用 NE555 定时器的 7 脚内部放电三极管的导通与截止，通过 R_1、R_2、R_3 和 C_1 的充放电过程，产生线性良好的锯齿波，锯齿波的频率（即扫描频率）取决于 R_1、R_2、R_3 和 C_1，按 $f = \dfrac{1}{\pi(R_1 + R_2 + R_3)C_1}$ 进行计算。通过三极管 VT 的驱动，此线性变化的电压加到 CD4046 的 9 脚，由于 CD4046 的压控振荡控制脚有线性变化的电压，因此在 4 脚输出的振荡频率就会产生连续变化的频率信号，其扫描范围取决于 R_6、C_3、R_7。

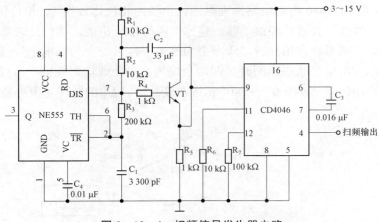

图 2-13-4　扫频信号发生器电路

4. 实训内容及步骤

　　按图 2-13-4 组装扫频信号发生器电路，首先组装由 NE555 定时器组成的锯齿波发生电路，完成后用示波器测量 7 脚波形，观察并记录。然后安装以三极管 VT 组成的驱动电路，完成后测量三极管发射极波形，与刚才所测波形比较。最后将 CD4046 单元电路部分组装完毕。按公式 $f = \dfrac{1}{2\pi R_6 C_3}$ 计算中心频率。

5. 实训报告

　　（1）观察 NE555 的 7 脚波形并记录，将频率与计算值 $f = \dfrac{1}{\pi(R_1 + R_2 + R_3)C_1}$ 进行比较。

（2）观察 CD4046 的 4 脚输出波形并记录，将频率的中心值与计算值 $f = \dfrac{1}{2\pi R_6 C_3}$ 进行比较，并在 CD4046 的 1 脚接电压表，观察其锁相指示（H/L）。

（3）完成思考题。

6. 思考题

（1）如果图 2–13–4 中 CD4046 的 9 脚直接接电源，4 脚波形是什么？

（2）用计数器（如 CD4017）和锁相环电路 CD4046 设计一个 N 倍频电路。

实训 2.14　双音报警电路的安装与调试

1. 实训目的

（1）熟悉 NE555 定时器的构成及多谐振荡器的工作原理。

（2）了解电压调制频率的两种方法。

（3）掌握脉冲周期的测量方法。

2. 实训设备及器件

（1）实训设备：直流稳压电源 1 台，示波器 1 台，万用表 1 只，面包板 1 块。

（2）实训器件：NE555，三极管，喇叭，电阻，电容。

3. 实训电路及说明

1）用 NE555 定时器构成多谐振荡器

由 NE555 定时器构成的多谐振荡器电路如图 2–14–1（a）所示，图 2–14–1（b）为其工作波形图。

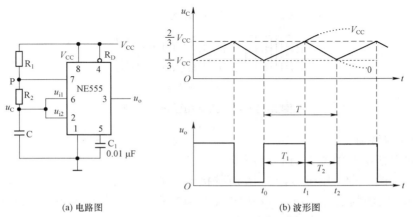

(a) 电路图　　　(b) 波形图

图 2–14–1　由 NE555 定时器构成的多谐振荡器

图 2–14–1（a）首先将定时器 2、6 脚相接，构成施密特形式，再通过 7 脚接入 R_1、

R_2、C 充放电回路。充电回路为 R_1、R_2、C，放电回路为 C、R_2、放电管 T_D（位于集成块内部），充放电电压 u_C 的阈值电平为 $\frac{2}{3}V_{CC}$ 和 $\frac{1}{3}V_{CC}$，在定时器的输出端 3 脚得到矩形波振荡周期为：

$$T \approx 0.7(R_1 + 2R_2)C$$

2）救护车双音报警器

救护车双音报警器电路如图 2-14-2 所示。

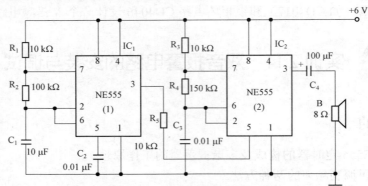

图 2-14-2　救护车双音报警器电路

图中，NE555（1）构成如图 2-14-1 所示的典型多谐振荡器电路，由其电路参数，振荡频率在 1.4 s 左右，3 脚输出具有高低电平的矩形波。NE555（2）仍构成一个多谐振荡器，与前级不同的是其压控端 5 脚由前级输出端 3 脚控制，其振荡频率在音频范围内，但它伴随 5 脚电平高低而变化。当 NE555（1）的 3 脚输出高电平时，振荡频率低；当 NE555（1）3 脚输出低电平时，振荡频率明显升高，从而实现了由前级低频信号输出控制后级的音频周期，发出两种伴音交替的"滴–嘟"声，与救护车的笛声相似。双音报警器的波形图如图 2-14-3 所示。

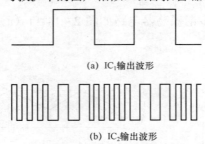

(a) IC₁输出波形

(b) IC₂输出波形

图 2-14-3　双音报警器波形图

3）消防车报警器

消防车报警器电路如图 2-14-4 所示。

为模拟警笛的声音，用 IC₁ 的 2、6 脚外接电容 C_1，产生周期为 1 s 左右的低频锯齿波信号，作为 IC₂ 的调制信号，使 IC₂ 输出一个扫频矩形波，产生变调效果。晶体管 VT 接成射极跟随器，将 IC₁ 的 2 脚上的锯齿波经 VT 缓冲后加到 IC₂ 的 5 脚，使 IC₂ 的振荡频率在 0.67 s 内逐渐下降到一个低频率，再在 0.33 s 内上升到原来的高频率，如此反复，使扬声器发出类似消防车警笛的声响，波形如图 2-14-5 所示。

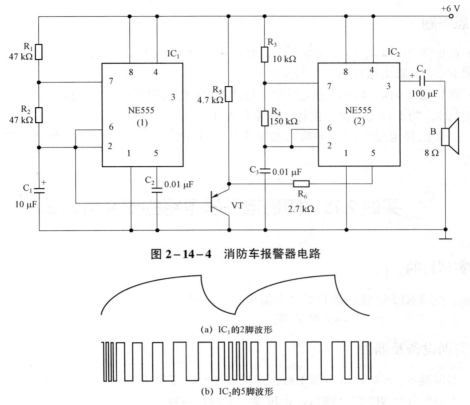

图 2-14-4　消防车报警器电路

(a)　IC$_1$的2脚波形

(b)　IC$_2$的5脚波形

图 2-14-5　消防车报警器双音报警波形图

4. 实训内容及步骤

（1）按图 2-14-2 组装电路，试听音响效果，看电路发出的声音是否接近实际生活中救护车的警笛声。用示波器测量 IC$_1$ 输出信号的频率，并与估算值做比较。

如果电路不能正常工作，可取下电阻 R$_5$，接通电源，用示波器分别观察 IC$_1$ 和 IC$_2$ 的输出波形，判断故障出在哪一级。也可通过一个电解电容将扬声器分别接在 IC$_1$ 和 IC$_2$ 的输出端，通过扬声器的声响判断故障出在哪一级。

（2）按图 2-14-4 组装电路，试听音响效果，看电路发出的声音是否接近实际生活中消防车的警笛声，用示波器观察 IC$_1$ 和 IC$_2$ 的输出波形。如出现故障，按上一实训步骤中的方法诊断并排除。

5. 实训报告

（1）画出救护车双音报警器各级 NE555 的输出波形，并分析其双音的频率。

（2）对消防车报警器电路的输出波形进行分析，并与救护车双音报警器输出波形进行比较。

（3）根据公式 $f = 1.443/[(R_1 + 2R_2)C_1]$，估算两种电路中 IC$_1$ 构成的多谐振荡器的振荡频率。

（4）完成思考题。

6. 思考题

（1）在如图 2-14-2 所示的电路中，电阻 R_5 的作用是什么？去掉 R_5，用 IC_1 的输出直接去调制 IC_2 的 5 脚电压行不行？为什么？

（2）在如图 2-14-4 所示的电路中，晶体管 VT 的作用是什么？直接用 C_1 上的锯齿波电压去调制 IC_2 的 5 脚电压会产生什么现象？为什么？

（3）如果报警电路发出的声响与实际生活中的不同，可调整哪些元件使报警声更接近实际？

实训 2.15　简易电子琴电路的安装与调试

1. 实训目的

（1）掌握用 NE555 定时器构成多谐振荡器的应用。
（2）了解声音、音调与频率的关系。

2. 实训设备及器件

（1）实训设备：5 V 直流电源 1 台，示波器 1 台，万用表 1 只，面包板 1 块。
（2）实训器件：NE555，喇叭，电位器，电阻，电容。

3. 实训电路及说明

通过对双音报警电路和音调产生电路的学习可知，用不同频率的方波去驱动扬声器，能产生不同的音调。即只要给定某一种音调的频率，就可以用电路来模拟产生这种声音。

音乐中有 1～7 七个基本音阶，可以通过不同频率的方波来产生。根据乐理分析得知，音阶之间的频率存在 12 平均律的关系。如 C 调的七个音阶的频率和周期如表 2-15-1 所示。

表 2-15-1　C 调的七个音阶的频率和周期

音阶（C 调）	频率/Hz	周期/ms
1	261.6	3.82
2	293	3.41
3	329.6	3.03
4	349.2	2.86
5	392	2.55
6	440	2.27
7	493.9	2.02

同时，每个音阶的频率恰好是其低八度音阶频率的两倍。如上述 C 调的 "6" = 440 Hz，

比其低八度的"6"部分的频率为 220 Hz，其余音阶以此类推。

用 NE555 定时器构成的简易电子琴电路如图 2-15-1 所示。图中，IC$_1$ 和 IC$_2$ 都接成了多谐振荡器的形式，IC$_1$ 所构成的多谐振荡器用于产生 C 调的 1～7 七个音阶，由按下按键开关 S$_1$～S$_7$、接通不同的 R$_{2i}$（R$_{21}$～R$_{27}$）来实现。IC$_2$ 所构成的多谐振荡器用于产生低频的节拍，其频率和占空比的调节通过改变电位器 R$_P$ 的阻值来实现。

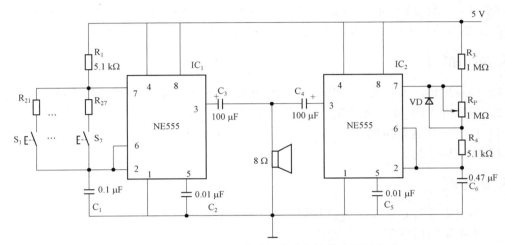

图 2-15-1　用 NE555 定时器构成的简易电子琴电路

由 NE555 构成的多谐振荡电路输出方波的周期为：$T = T_充 + T_放 = 0.7(R_1 + 2R_{2i})$，$C_1$ 若取 0.1 μF，为产生 C 调的 7 个音阶，$R_1 + 2R_{2i}$ 的取值如表 2-15-2 所示。

表 2-15-2　$R_1 + 2R_{2i}$ 的取值

音阶	1	2	3	4	5	6	7
$(R_1 + 2R_{2i})$/kΩ	54.57	48.71	43.29	40.86	36.43	32.43	28.86

当输出波形的占空比接近 50% 时，多谐振荡器产生的音调更接近标准 C 调，为此，R_1 的值可以取小一些，如 $R_1 = 1$ kΩ，则 R_{21}～R_{27} 的取值如表 2-15-3 所示。

表 2-15-3　R_{21}～R_{27} 的取值

编号	R_{21}	R_{22}	R_{23}	R_{24}	R_{25}	R_{26}	R_{27}
阻值/ kΩ	26.79	23.86	21.15	19.93	17.71	15.72	13.93
标称阻值/ kΩ	27	24	22	20	18	16	13 或 15

节拍电路中接入了一只二极管后，大大减小了电容 C_6 的放电时间，使输出波形的占空比变得很大，即 IC$_2$ 每隔一段时间输出一个负脉冲，从而形成了节拍信号。节拍信号的周期 $T \approx T_充 + T_放 \approx T_充 \approx 0.7(R_3 + R_P)C_6$，调节 R_P 或改变 C_6，则可以改变节拍的节奏。

4. 实训内容及步骤

按图 2-15-1 组装简易电子器电路，注意事项如下。

① 先组装音阶产生电路。为了节省时间和空间，可用导线代替轻触开关构成的音阶按钮 $S_1 \sim S_7$，即用一根导线依次跨接 $R_{21} \sim R_{27}$ 的开路端与 NE555 的 2、6 脚公共端，以此产生不同的音调频率。

② 确认可产生不同的音调频率后，就需要调出比较准确的音阶了，此时需借助示波器测试各音阶信号的频率，并通过串、并联电阻等手段使各音阶达到正确的频率值（见表 2–15–1），以校准音调。在校准过程中可参考表 2–15–2 和表 2–15–3 提供的参数。

③ 组装节拍产生电路，并调节电位器 R_P，使节拍的频率接近 1 Hz。

5. 实训报告

（1）将最后调试成功的音调电路中的 $R_{21} \sim R_{27}$ 的阻值列表，并填写与其对应的频率。

（2）节拍为 1 Hz 时，测出 R_P 的阻值。

（3）画出 C 调各音阶的波形。

（4）完成思考题。

6. 思考题

（1）如果需要将 C 调从低 8 度扩展到高 8 度，此电子琴电路该如何改动？

（2）如果采用门电路，如何设计？

实训 2.16　声光控制开关的安装与调试

1. 实训目的

（1）熟悉声光控制延时开关电路的工作原理。

（2）掌握部分特殊元器件的识别与测试方法，以及在电路中的应用。

2. 实训设备及器件

（1）实训设备：直流电源 1 台，示波器 1 台，万用表 1 只，面包板 1 块。

（2）实训器件：光敏电阻器，话筒，电阻，电容，与非门 74LS00，反相器 74LS04，定时器 NE555，LED。

3. 实训电路及说明

1）光敏电阻器

常用的光敏电阻器是硫化镉光敏电阻器，它是由半导体材料制成的。光敏电阻器的阻值随入射光线（可见光）的强弱而变化。此次实训使用的是非密封型的 MG45 光敏电阻器，在黑暗条件下，它的阻值（暗阻）可达 12 MΩ 左右；在强光条件（100 lx）下，它的阻值（亮阻）大概为 30 Ω。光敏电阻器对光的敏感性（即光谱特性）与人眼对可见光 0.4～0.76 μm 的响应很接近，只要人眼可感受的光，都会引起它的阻值变化。

2）话筒

话筒的功能是将声音信号转换为电信号。

① 电路符号：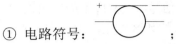 ；

② 极性判别：在话筒的反面有两个电极，其中外壳为负极，另一极为正极；

③ 检测：用万用表的 R×100 挡，红表笔与话筒的负极相连，黑表笔与话筒的正极相连，此时话筒阻值一般为 1 kΩ 左右，用嘴吹话筒的正面，话筒的阻值应发生振动。

3）电路原理及说明

声光控制开关的逻辑电路如图 2-16-1 所示。电路在工作时，灯亮与否由声音和光照条件决定，由此可以列出相应的逻辑关系式。首先由逻辑关系得到真值表，如表 2-16-1 所示。

表 2-16-1　真值表

输入		输出
声（A）	光（B）	灯亮（Y）
0	0	0
0	1	1
1	0	0
1	1	0

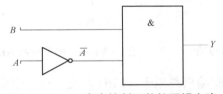

图 2-16-1　声光控制开关的逻辑电路

图 2-16-1 中，A、B 分别为声和光的逻辑信号，Y 则作为逻辑表达式中的输出信号去触发后级的延时电路。

声信号的单元电路如图 2-16-2 所示。

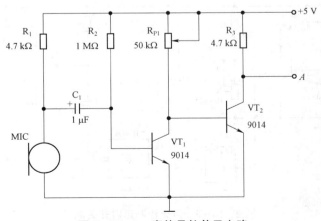

图 2-16-2　声信号的单元电路

在无声环境中，将 VT_1 的集电极电位调整在 0.2～0.4 V 之间，使 VT_2 处在临界导通状态，A 点为高电平；当有伴音信号时，VT_2 饱和导通，则 A 点为低电平，以此满足上述逻辑电路对电平的要求。如果 VT_1 集电极电位太低，在有声音信号时，VT_1 不能退出饱和，VT_2 则不能导通；反之，如果 VT_1 集电极电位太高，超过 VT_2 的死区电压，则静态时 VT_2 就导通，同样不能满足上述逻辑电路对电平的要求。

光信号获取电路如图 2-16-3 所示，可以通过调节电位器以达到对光敏感度的选择，光照足够强时，B 点为低电平；光照不足时，B 点为高电平。

延时电路采用由定时器 NE555 组成的单稳态延时电路，如图 2-16-4 所示，触发信号从 2 脚输入，要求负脉冲触发，且变化幅度不小于 $\frac{2}{3} V_{CC}$。

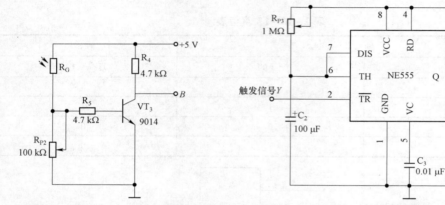

图 2-16-3　光信号获取电路　　　图 2-16-4　由定时器 NE555 组成的单稳态延时电路

当触发信号到来时，3 脚输出高电平，LED 发光。高电平保持时间由 $R_{P3}C_2$ 决定，调整 R_{P3} 的阻值即可改变发光时间。

将以上单元电路组合后即为声光控制延时开关电路，如图 2-16-5 所示，工作原理如下：白天（或有光照时），光敏电阻 R_G 阻值较小，VT_3 饱和导通，输出电压为低电平，将与非门 G_2 封锁，无论 G_1 输出是高电平还是低电平，G_2 输出均为高电平。NE555 定时器 2 脚

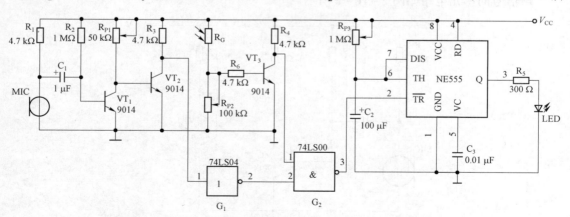

图 2-16-5　声光控制延时开关电路

为高电平，单稳态不动作，LED 因无偏压而不亮。只有在晚上（或光照弱时），R_G 阻值较大而使 VT_3 截止，使 G_2 的 1 脚变为高电平，与非门打开。当话筒接收到声音时，VT_2 饱和导通，G_1 输出为高电平，G_3 输出由高电平跳为低电平，单稳态触发器进入暂稳态，NE555 的 3 脚变为高电平，LED 点亮，经过一段时间，暂稳态结束，3 脚又回到低电平，LED 熄灭，达到声光控制作用。

4. 实训内容及步骤

（1）测量不同光照条件下光敏电阻器 MG45 的阻值。

（2）检测话筒质量。

（3）按图 2–16–2 和图 2–16–3 分别组装电路，调整电阻器 R_{P1} 和 R_{P2}，使得 A 和 B 都能满足各自不同条件下的逻辑状态 1 和 0。

（4）将调试好的如图 2–16–2 和图 2–16–3 所示电路，接入如图 2–16–4 所示的延时电路，得到如图 2–16–5 所示的电路。检查无误后，通电检验其功能。

（5）分别测量发光二极管 LED 亮起和熄灭状态时，NE555 定时器 3 脚的电压值。测量 LED 亮起和熄灭时光敏电阻器的阻值。

（6）调整 R_{P3}，观察灯亮时间的变化。

5. 实训报告

（1）记录 LED 点亮和熄灭状态时 R_{P1}、R_{P2} 和光敏电阻器的阻值。

（2）计算并测量延时时间。

（3）对实验过程中出现的故障，仔细分析其原因，并记录下来。

（4）写出本次实训课的心得体会。

（5）完成思考题。

6. 思考题

（1）延时电路是否还可以由其他电路组成？如能，请举例设计。

（2）如果需要声光延时控制交流 220 V 电源，如何改进电路？

实训 2.17　LED 花色循环彩灯的安装与调试

1. 实训目的

（1）熟悉 LED 花色循环彩灯电路的工作原理。

（2）了解时序分配器 CD4017 的功能及典型应用。

（3）掌握此彩灯电路的实际应用。

2. 实训设备及器件

（1）实训设备：直流电源 1 台，万用表 1 只，面包板 1 块。

（2）实训器件：NE555，CD4017，发光二极管 LED，电阻，电容。

3. 实训电路及说明

1）NE555 构成的多谐振荡器

电路图及波形图如图 2-17-1 所示。

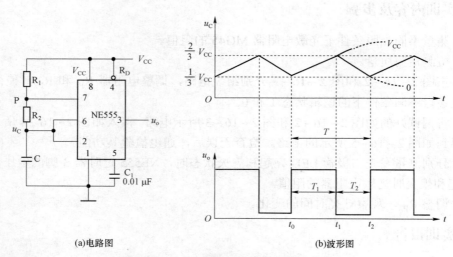

(a)电路图　　　　　　　　　　(b)波形图

图 2-17-1　NE555 构成的多谐振荡器

振荡器输出脉冲 u_o 的工作周期为：$T \approx 0.7(R_1 + 2R_2)C$

2）十进制计数器/脉冲分配器 CD4017

CD4017 是 5 位 Johnson 计数器，具有 10 个译码输出端、时钟输入端 CP、清零端 CR、禁止端 INH 及进位脉冲输出端 CO。时钟输入端的施密特触发器具有脉冲整形功能，对输入时钟脉冲上升和下降时间无限制。INH 为低电平时，计数器在时钟上升沿计数；反之，计数功能无效。CR 为高电平时，计数器清零。Johnson 计数器提供了快速操作、2 输入译码防锁选通和无毛刺译码输出功能。防锁选通，保证了正确的计数顺序。译码输出一般为低电平，只有在对应时钟周期内才保持高电平。每 10 个时钟输入周期，CO 信号完成一次进位，并用作多级计数链的下级脉动时钟。

CD4017 提供了 16 引线多层陶瓷双列直插（D）、熔封陶瓷双列直插（J）、塑料双列直插（P）和陶瓷片状载体（C）4 种封装形式。CD4017 管脚图如图 2-17-2 所示。各管脚功能如下：

① CO：进位脉冲输出端；

② CP：时钟输入端；

③ CR：清零端；

④ INH：禁止端；

⑤ Q0～Q9：计数脉冲输出端；

⑥ VDD：正电源；

⑦ VSS：地。

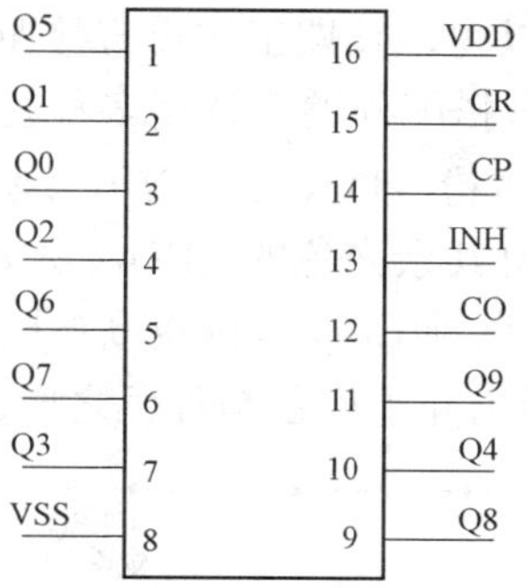

图 2 - 17 - 2　CD4017 管脚图

CD4017 真值表如表 2 - 17 - 1 所示。

表 2 - 17 - 1　CD4017 真值表

输入			输出	
CP	INH	CR	Q0~Q9	CO
×	×	H	Q0	
↑	L	L	计数	计数脉冲为 Q0~Q4 时：CO＝H
H	↓	L		
L	×	L		
×	H	L	保持	计数脉冲为 Q5~Q9 时：CO＝L
↓	×	L		
×	↑	L		

3）实训电路及说明

实训电路如图 2 - 17 - 3 所示，这是用一块 NE555 和一块 CD4017 时序分配器加上众多 LED 和两三个阻容元件组成的花色多变循环彩灯电路。供电范围为 5～10 V，电流为数毫安至 30 mA。

电路中 NE555 构成 10 Hz 左右方波振荡器，其第 7 脚驱动 LED_1 闪烁发光，第 3 脚输出到 CD4017 去循环计数。CD4017 构成时钟下跳变计数方式，其 Q0～Q9 这 10 个输出端随着 NE555 第 3 脚电平下跳，依次变化为高电平，驱动 LED_3～LED_{12} 依次轮流循环发光，形同流水或旋转盘，一秒钟内循环一次。另外，CD4017 的进位脉冲输出端 CO 驱动 LED_2 每秒钟闪亮一次，形同对 LED_3～LED_{12} 循环一周发光的计数或 "OK" 赞许。

NE555 第 7 脚吸入电流能力较强，在不加限流电阻器的情况下，电源电压为 5 V 时可驱动 1～2 个 LED，电源电压为 10 V 时可驱动 4 个 LED（电流达 50 mA），所以电源电压较高时应多串接几个 LED。不过，因为是脉冲式的 LED 发光，脉冲电流为 50 mA，也可使用额定电流为 10～20 mA 的一般 LED 产品。

CD4017 如同许多 4000B 系列 CMOS 集成电路一样，电源电压为 10 V，甚至 15 V，它们的输出端也允许短时间（瞬间）短路接地而不致烧毁。原因是它们的输出端内阻大，多数饱和电流的内阻为 30 mA（电源 V_{DD}＝15 V 时），电源电压为 10 V 时内阻达 20 mA，电源电压为 5 V 时内阻达 4 mA。所以，CD4017 的各输出端可以不加限流电阻器，直接驱动 LED

闪烁发光。只要电源电压在 10 V 以内，长期工作可直接驱动任何 LED。

选用 $LED_1 \sim LED_{12}$ 有一个色彩搭配问题。选用多种色彩 LED，自然可产生五彩缤纷的效果。目前常用的 LED 有红（R）、橙（O）、黄（Y）、绿（G）4 色，正向电压依次较高，最大正向电压约 2.3 V。另外，也有其余光色的 LED，例如蓝色（B），但正向电压多在 5 V 以上，应用时要注意这一点，并且这种 LED 售价也高；橙红色（OR）则是介于橙色与红色之间的一种"橘黄"色，其电性能也介于橙色与红色之间。

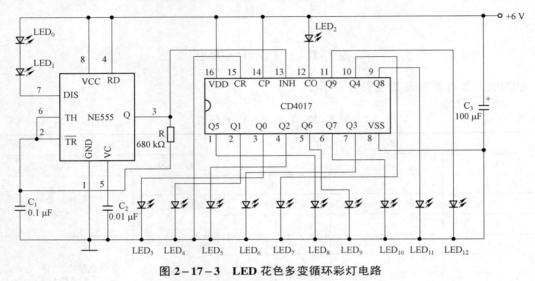

图 2-17-3　LED 花色多变循环彩灯电路

4. 实训内容及步骤

（1）按图 2-17-3 组装电路，检查无误后接入直流工作电源。

（2）检验该电路的功能。

（3）关键点检测与故障判断：用示波器测量 NE555 的 3 脚波形，记录周期和峰值。将 CD4017 的 CP 端口与 NE555 的 3 脚断开，用信号发生器的方波信号从 CP 端口输入，观察 $LED_2 \sim LED_{12}$。

（4）测量各色 LED 的电压降，并列表比较。

（5）测量 CD4017 输出端的电流。

5. 实训报告

（1）根据电路计算 NE555 多谐振荡器的振荡频率。

（2）列表说明各色 LED 的电压降。

（3）简述工作过程和步骤。

（4）完成思考题。

6. 思考题

（1）如果采用 74LS160 能否实现上述花色循环彩灯的功能？如何设计？

（2）可否用其他电路替代 NE555 组成的多谐振荡器？请举例说明。

实训 2.18　脉冲边沿检测电路的安装与调试

1. 实训目的

（1）熟悉基本触发器的功能。
（2）熟悉 JK 触发器 74LS73 和或非门 74LS02 的使用方法。
（3）掌握一种检测脉冲第一个边沿跳变方向的方法。

2. 实训设备及器件

（1）实训设备：直流电源 1 台，双踪示波器 1 台，万用表 1 只，面包板 1 块。
（2）实训器件：双 JK 触发器 74LS73，4−2 输入或非门 74LS02，4−2 输入与非门 74LS00，LED，开关，电阻。

3. 实训电路及说明

在许多微处理器的应用中，为了方便鉴别或检测某一程序，需要了解一串脉冲第一个边沿的电平跳变方向是上升沿还是下降沿。在同步系统中，往往也需要知道系统是被时钟脉冲的上升沿触发，还是被下降沿触发。脉冲边沿检测电路的功能就是检测一脉冲串中第一个脉冲跳变是上升沿还是下降沿，并将结果指示出来。

1）JK 触发器

JK 触发器是一种多功能触发器，在实际中应用很广。JK 触发器是在 RS 触发器基础上改进而来的，在使用中没有约束条件。常见的 JK 触发器有主从结构的，也有边沿型的。

边沿型 JK 触发器的逻辑符号如图 2−18−1 所示。

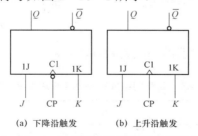

(a) 下降沿触发　　(b) 上升沿触发

图 2−18−1　边沿型 JK 触发器的逻辑符号

JK 触发器功能表如表 2−18−1 所示。

表 2−18−1　JK 触发器功能表

J	K	Q^{n+1}	功能
0	0	Q^n	保持
0	1	0	置 0
1	0	1	置 1
1	1	$\overline{Q^n}$	翻转（计数）

JK 触发器的特性方程为：$Q^{n+1} = J\overline{Q}^n + \overline{K}Q^n$

JK 触发器的状态转换表如表 2-18-2 所示。

表 2-18-2　JK 触发器状态转换表

J	K	Q^n	Q^{n+1}
0	0	0	0
0	0	1	1
0	1	0	0
0	1	1	0
1	0	0	1
1	0	1	1
1	1	0	1
1	1	1	0

JK 触发器的状态转换图如图 2-18-2 所示。

2）或非门组成的基本 RS 触发器

或非门组成的基本 RS 触发器的逻辑符号如图 2-18-3 所示。

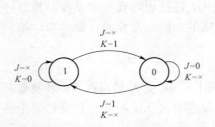

图 2-18-2　JK 触发器的状态转换图

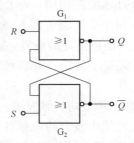

图 2-18-3　或非门组成的基本
RS 触发器的逻辑符号

或非门组成的基本 RS 触发器的功能表如表 2-18-3 所示。

表 2-18-3　或非门组成的基本 RS 触发器的功能表

输　入		输　出		功能说明
S	R	Q	$\overline{Q}$	
0	0	不　变		保持（记忆）
0	1	0	1	置 0
1	0	1	0	置 1
1	1	不　定		失效（不允许使用）

或非门组成的基本 RS 触发器的状态转换表如表 2-18-4 所示。

表 2-18-4　或非门组成的基本 RS 触发器的状态转换表

R	S	Q^n	Q^{n+1}	说明
0	0	0	0	触发器保持原状态不变
0	0	1	1	
0	1	0	1	触发器置 1
0	1	1	1	
1	0	0	0	触发器置 0
1	0	1	0	
1	1	0	×	触发器状态不定
1	1	1	×	

3）实训电路原理及说明

实训电路如图 2-18-4 所示，电路主要由双 JK 触发器 74LS73 和由或非门组成的基本 RS 触发器 74LS02 组成。两个 JK 触发器受相位相反的时钟脉冲控制，而且 J、K 与 $\overline{Q}$ 相连接，$\overline{Q}$ 为 0 时，$J=K=0$，输出保持原状态；$\overline{Q}$ 为 1 时，$J=K=1$，在时钟脉冲下降沿到来时，触发器的输出状态翻转，从而控制基本 RS 触发器，使两只 LED 中有一只发光，表示时钟脉冲的方向是上升沿（或下降沿）。具体的过程如下：

① 先按下复位开关 S，使 JK 触发器的两个输出端 $\overline{Q}_1 = \overline{Q}_2 = 1$，或非门两个输出端皆为低电平，即 $A=0$、$B=0$，两只 LED 截止。

② 松开开关 S 后，若没有时钟脉冲到来，则电路保持原状态（$\overline{Q}_1 = \overline{Q}_2 = 1$ 的状态仍存在）。若第一次跳变是上升沿时，IC_{1a} 不触发，$\overline{Q}_1 = 1$、$A=0$，LED_1 暗；但 G_3 产生一个下降沿，使 IC_{1b} 的输出翻转，$\overline{Q}_2 = 0$，使 G_2 输出高电平，即 $B=1$，LED_2 亮。不管下一次输入脉冲如何转换，因 IC_{1b} 的 J、K 均为 0，输出不会翻转，$\overline{Q}_2 = 0$，LED_2 继续亮。因 B 点为高电平，所以无论 $\overline{Q}_1$ 是什么状态，A 点都为低电平，LED_1 不亮。若输入的第一次跳变是下降沿，则过程相反，LED_1 亮，LED_2 暗。

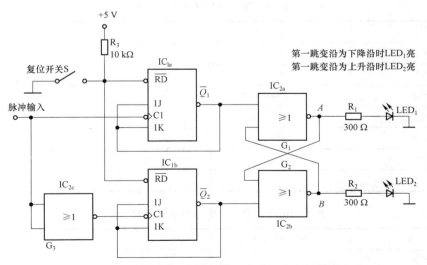

图 2-18-4　捕捉和显示脉冲第一个边沿方向的检测电路

本电路能检测的 TTL 脉冲信号的最小宽度可达 50 ns，由于电路中只有两片集成电路，在校验和调试电路时，可将其很方便地安装在一个探头里。

74LS02、74LS73 的管脚功能图见附录 C.3。

4. 实训内容及步骤

（1）按电路的逻辑关系检查 74LS02 的各或非门和 74LS73 的两个 JK 触发器是否完好。

（2）按图 2－18－4 在面包板上组装电路。

（3）接通复位开关 S，检查电路是否正常（脉冲暂时用函数信号发生器代替）。

（4）用 4－2 输入与非门 74LS00 组成的 RS 触发器制作一个单脉冲产生电路（如图 2－18－5 所示），用示波器监视脉冲变化方向，验证检测电路的效果，体会把单脉冲产生电路称为防抖动开关的原因。

（5）用步骤（4）组装的单脉冲产生电路作脉冲源，随机产生一串脉冲，把脉冲信号输入检测电路（换下函数信号发生器），观察 LED 的指示结果。

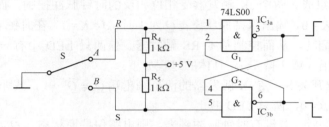

图 2－18－5　单脉冲产生电路

5. 实训报告

（1）分析电路工作原理，将结果填入表 2－18－5 和表 2－18－6。

表 2－18－5　第一个脉冲为上升沿时的情况

开关 S	时钟脉冲 CP	$\overline{Q}_1$ $\overline{Q}_2$	LED$_1$ LED$_2$
闭合	—		
断开	无		
断开	第一个脉冲上升沿		
断开	第一个脉冲下降沿		
断开	第二个脉冲上升沿		
断开	⋮		
闭合	—		

表 2－18－6　第一个脉冲为下降沿时的情况

开关 S	时钟脉冲 CP	$\overline{Q}_1$ $\overline{Q}_2$	LED$_1$ LED$_2$
闭合	—		
断开	无		

续表

开关 S	时钟脉冲 CP	$\overline{Q_1}$　$\overline{Q_2}$	LED$_1$　LED$_2$
断开	第一个脉冲下降沿		
断开	第一个脉冲上升沿		
断开	第二个脉冲下降沿		
断开	⋮		
闭合	—		

（2）完成思考题。

6. 思考题

（1）设计一个周期为 2～3 s 的多谐振荡器，为本检测电路提供时钟脉冲，画出电路图。
（2）用或非门能否完成单脉冲产生电路的设计？若能，请画出电路图。

实训 2.19　三极管 β 值分选电路的安装与调试

1. 实训目的

（1）熟悉单电源集成运放 LM324 的管脚功能和使用方法。
（2）熟悉电压比较器的工作原理及应用。

2. 实训设备及器件

（1）实训设备：直流稳压电源 1 台，万用表 1 只，面包板 1 块。
（2）实训器件：LM324，三极管，LED，电阻。

3. 实训电路及说明

1）反相比例运算电路
反相比例运算电路又叫反相放大器，其逻辑电路如图 2-19-1 所示。

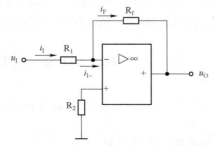

图 2-19-1　反相比例运算电路的逻辑电路

结构特点：负反馈引到反相输入端，信号从反相端输入。平衡电阻 R_2 使输入端对地的静态电阻相等，主要是减小集成运放输入失调电压。R_f构成反馈支路，反馈方式为电压并联负反馈，因此输出电阻很小。

由集成运放的"虚短"和"虚断"特性知，运放反相输入端具有"虚地点"特性，由此可导出输出输入关系式：

$$A_U = \frac{u_O}{u_I} = -\frac{R_f}{R_1}$$

2）电压比较器

电压比较器的基本功能是对两个输入电压进行比较，并根据比较结果输出高电平或低电平，据此来判断输入信号的大小和极性。电压比较器常用于自动控制、波形产生与变换、模数转换及越限报警等许多场合。

电压比较器通常由集成运放构成，但与运算电路不同的是，比较器中的集成运放大多处于开环或正反馈状态。只要在两个输入端加一个很小的信号，运放就会进入非线性区，属于集成运放的非线性应用范围。在分析比较器时，虚断路原则仍成立，虚短及虚地等概念仅在判断临界情况时才适应。

电压比较器根据输入信号由低电平向高电平变化或反之，以及输入电平变化的次数，可分为单限电压比较器和双限电压比较器。双限电压比较器又称为窗口比较器，其特点是输入信号单方向变化，可使输出电压 U_O 跳变两次，其电路图及传输特性如图 2-19-2 所示。窗口比较器提供了两个阈值和两种输出稳定状态，可用来判断 U_I 是否在某两个电平之间。例如，从检查产品的角度看，可区分参数值在一定范围之内和之外的产品。

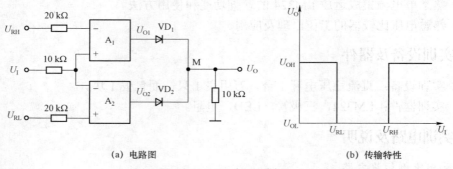

(a) 电路图　　　　　　　　　　　　(b) 传输特性

图 2-19-2　窗口比较器

窗口比较器有两个阈值电平，分别是 U_{RH} 和 U_{RL}，一般情况下 $U_{RH} > U_{RL}$，工作原理如下：

① 当 $U_I > U_{RH}$ 时，A_1 的 $U_P > U_N$，$U_{O1} = U_{OH}$，VD_1 导通，同时 A_2 的 $U_N > U_P$，$U_{O2} = U_{OL}$，VD_2 截止，所以 $U_O = U_{OH}$；

② 当 $U_I < U_{RL}$ 时，A_1 的 $U_P < U_N$，$U_{O1} = U_{OL}$，VD_1 截止，同时 A_2 的 $U_N < U_P$，$U_{O2} = U_{OH}$，VD_2 导通，所以 $U_O = U_{OH}$；

③ 当 $U_{RL} < U_I < U_{RH}$ 时，A_1 的 $U_P < U_N$，A_2 的 $U_N > U_P$，U_{O1}、U_{O2} 均为 U_{OL}，VD_1、VD_2 均截止，所以 $U_O = 0$。

3）三极管 β 值分选电路的工作原理及说明

在元器件生产中，由于生产过程和生产工艺的不一致，经常会遇到某些参数（如晶体三极管 β 值）分散性较大的问题，需要对这些参数进行分挡后，印上不同的规格标记才能出厂。

元器件参数的分选可利用电压比较器来实现。对于两挡分选，只需要把元件参数变换为电压，与简单的电压比较器的基准电压值相比较，输出高、低两种不同的电平，用发光二极管指示即可；三挡分选可利用窗口比较器来实现；而 N 挡分选，除了采用 $N-1$ 个比较器外，还需要用译码器将比较结果转换成字段的显示组合，用数码管将分选结果显示出来。NPN 型晶体三极管 β 值的三挡分选电路如图 2-19-3 所示。

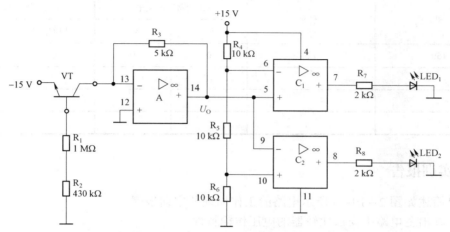

图 2-19-3 NPN 型晶体三极管 β 值三挡分选电路

图中，VT 为待测三极管，集成运放 A 和 R_3 组成电流-电压转换电路，将三极管的电流放大系数 β 对应的电流 I_C 转换为输出电压 U_O。运放 C_1、C_2 和 R_4、R_5、R_6 组成窗口比较器，若将三极管 VT 的 β 值界限分别设为 100 和 200，分选范围为：<100、100～200、>200。根据电路中被测三极管的基极限流电阻值，可求得基极电流 $I_b = 10\ \mu A$，此电流与三极管的 β 值大小无关，为恒基流，但集电极电流 $I = \beta I_b$，而运算放大器的输出电压 $U_O = \beta I_b R_3$，U_O 与 β 值成正比。由于 $R_3 = 5\ k\Omega$，当 β 分别为 100、200 时，U_O 分别为 5 V 和 10 V，把这两个值分别作为两个比较器的基准电压（通过三个 10 kΩ 电阻对 15 V 的分压实现）。工作原理如下：

① 当 $\beta < 100$ 时，$U_O < 5$ V，比较器 C_1 输出为低电平，C_2 输出为高电平，发光二极管 LED_1 灭，LED_2 亮；

② 当 $100 < \beta < 200$ 时，5 V$< U_O < 10$ V，C_1、C_2 的输出为低电平，两只发光二极管均灭；

③ 当 $\beta > 200$ 时，C_1 输出为高电平，C_2 输出为低电平，发光二极管 LED_1 亮，LED_2 灭。

4. 实训内容及步骤

（1）按图 2-19-3 组装电路。集成运放 A 和比较器由同一片 LM324 实现，采用单电源，即电源正端接 +15 V，负端接地。四运放 LM324 的管脚图参见附录 C.2。

（2）测量比较器的基准电压是否正确。

（3）将 β 值分设为 <100、100～200、>200 的三只被测三极管（即 VT）分别插入电路，观察发光二极管的显示结果，同时用电压表测量集成运放 A 的输出电压 U_O 并记入表 2-19-1，分析测量结果与显示结果是否一致。若不一致，分析故障可能出现在哪一部分，并对该部分电路进行检查，确定故障后将其排除。

（4）故障判断，断开 LM324 的 14 脚与 5、9 脚的连线；将 0～15 V 电压接入 LM324 的 5、9 脚，观察 LED 的显示结果与理论结果是否一致。如不一致，则故障在电压比较电路部分，反之，则检查反相比例运算电路部分。

表 2-19-1   测量记录表

晶体管 β 值	U_O/V	比较器输出电平		发光二极管的亮、灭	
		C_1	C_2	LED$_1$	LED$_2$
150	7.5	0	0	灭	灭

5. 实训报告

（1）简述如图 2-19-3 所示电路的工作原理和实训步骤。

（2）画出主电路中窗口比较器的电压传输特性。

（3）完成思考题。

6. 思考题

（1）用窗口比较器设计一个电阻值分选电路，要求被测电阻值在 0.9～1.1 kΩ 范围内时，两只发光二极管亮；对该范围以外的电阻，两只发光二极管均不亮。

（2）若要对 PNP 管进行 β 值的三挡分选，电路应如何改动？

 # 实训 2.20   数码管驱动电路的安装与调试

1. 实训目的

（1）熟悉共阴极七段 LED 数码管的管脚功能。

（2）熟悉十进制同步加法计数器 74LS160 的功能和应用。

（3）熟悉译码/驱动器 74LS48 的功能和应用。

（4）熟悉一般数码管驱动电路的组成及安装、调试方法。

2. 实训设备及器件

（1）实训设备：直流稳压电源 1 台，示波器 1 台，函数信号发生器 1 台，万用表 1 只，面包板 1 块。

（2）实训器件：74LS160，74LS48，共阴极数码管，74LS00，电阻。

3. 实训电路及说明

1）LED 数码管

在实际生产和生活中，常需要用 LED 数码管显示数字。LED 数码管是将 8 个条状发光二极管共阴（共阳）连接，排列成"8"字形，而将另一端作为控制端分别引出而制成。其结构原理及管脚图如图 2-20-1 所示。

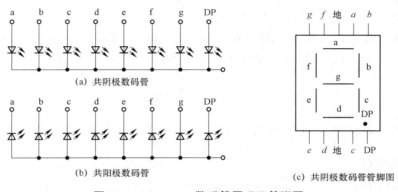

(a) 共阴极数码管

(b) 共阳极数码管

(c) 共阴极数码管管脚图

图 2-20-1　LED 数码管原理及管脚图

每只数码管由 7 条 LED 组成，故称为七段数码管。使用时，连通相对应的字段，则可得到 0～9 一系列数字（DP 为小数点）。

2）BCD 七段译码/驱动器 74LS48

为了将二进制计数器的 4 位输出转换成数码管上显示的十进制数，需要用到七段译码器。其显示原理是：a～g 共 7 个笔段组成一个"8"字，利用各段的显示（亮）和消隐（灭）组成 0～9 这 10 个数字。

74LS48 为有内部上拉电阻的 BCD 七段译码器/驱动器，它把 BCD 码经内部组合逻辑电路译成七段码，并直接驱动 LED，显示十进制数。74LS48 输出端（$\overline{Y_a} \sim \overline{Y_g}$）为高电平有效，可直接驱动共阴极 LED。

74LS48 除了有实现七段显示译码器基本功能的输入（DCBA）和输出（$\overline{Y_a} \sim \overline{Y_g}$）端外，还引入了灯测试输入端（$\overline{LT}$）和动态灭零输入端（$\overline{RBI}$），以及既有输入功能又有输出功能的消隐输入/动态灭零输出（$\overline{BI}/\overline{RBO}$）端。

74LS48 管脚图见附录 C.3，其管脚功能表如表 2-20-1 所示。

表 2-20-1　74LS48 管脚功能表

$\overline{LT}$	$\overline{RBI}$	$\overline{BI}/\overline{RBO}$	D C B A	Y_a Y_b Y_c Y_d Y_e Y_f Y_g
×	×	0	× × × ×	0 0 0 0 0 0 0
1	0	1	0 0 0 0	0 0 0 0 0 0 0
0	×	1	× × × ×	1 1 1 1 1 1 1
1	×	1	× × × ×	译码输出

$\overline{RBI}$：灭零使能，0 电平有效。

$\overline{LT}$：测试灯使能，0 电平有效。

$\overline{BI}/\overline{RBO}$：灭灯（0 电平有效）使能/灭零信号输出。在需要灭灯时，从此端加入灭灯使能信号，若不需要做灭灯处理而要做灭零处理时，在此端有 $\overline{RBI}$ 端所加灭零信号的输出。

3）计数、译码和显示电路的工作原理及说明

图 2−20−2 为一个十进制计数、译码和显示电路，由同步十进制计数器 74LS160、BCD 七段显示译码/驱动器 74LS48、驱动共阴极七段 LED 显示器 LTS547R 构成。令 $\overline{LD}$、$\overline{CR}$、CTP、CTT 接成高电平，将 74LS160 置于计数状态，同时，$\overline{LT}$、$\overline{RBI}$、$\overline{BI}/\overline{RBO}$ 也置成高电平，将 74LS48 置于译码状态；当 74LS160 得到一个上升沿的 CP 脉冲时，输出计数一次，并将结果送到译码驱动电路 74LS48，74LS48 则把来自计数器的 BCD 码译成七段码，并直接驱动 LED，显示十进制数 "1"，第 2 个 CP 上升沿到来时，则显示十进制数 "2"。

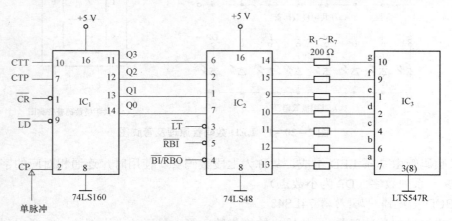

图 2−20−2　十进制计数、译码、显示电路

为了防止机械开关在操作过程中产生抖动而造成误动作，在测试电路功能时可安装一个单脉冲产生电路，如图 2−18−5 所示。由 G_1、G_2 组成一个 RS 触发器，该电路又称防抖动开关，机械开关 S 每在 A、B 间转换一次，电路输出一个脉冲。

4. 实训内容及步骤

（1）用与非门 74LS00 和单刀双掷开关（可由导线代替）构成单脉冲源，如图 2−18−5 所示。组装后用示波器观察。

（2）使 74LS48 工作于译码状态，验证 74LS48 的译码驱动功能，同时检查七段数码管的质量。

（3）使 74LS160 工作于计数状态，并将其接入电路中；将单脉冲信号送入 74LS160 的 CP 端口，观察七段数码管的显示。

5. 实训报告

（1）简述实训电路的工作原理和实训步骤。

（2）画出主电路的方框图。

（3）完成思考题。

6. 思考题

（1）查阅十进制同步加/减计数器 74LS190 的有关资料，用 74LS190 代替 74LS160 进行计数，画出电路图。

（2）如果采用的七段数码管是共阳极数码管，电路该如何设计？

实训 2.21　热释电人体红外传感器应用电路的安装与调试

1. 实训目的

（1）了解热释电人体红外传感器的结构和基本原理。

（2）熟悉热释电人体红外传感器的应用。

2. 实训设备及器件

（1）实训设备：直流稳压电源 1 台，万用表 1 只，面包板 1 块。

（2）实训器件：热释电人体红外传感器 SD02，LM324，LED，三极管，电阻，电容。

3. 实训电路及说明

热释电人体红外传感器为 20 世纪 90 年代出现的新型传感器，专门用于检测人体辐射的红外能。用它可以做成主动式（检测静止或移动极慢的人体）和被动式（检测运动人体）的人体传感器，与各种电路配合，可广泛用于安全防范领域及自动控制门、灯、水龙头等场合。

1）结构和原理

热释电人体红外传感器有多种型号，但结构、外形和电参数大致相同，一般可互换。其典型外形如图 2-21-1 所示。该传感器由敏感元件、场效应管、阻抗变换器和滤光窗等构成，并在氮气环境下封装。

(a) 顶视图　　　　(b) 侧视图　　　　(c) 透视图

图 2-21-1　热释电人体红外线传感器外形图

1—漏极；2—源极；3—地

在如图 2-21-1（a）所示的顶视图中，矩形为滤光窗，两个虚线框为矩形敏感单元。热释电人体红外传感器的内部结构及工作原理如图 2-21-2 和图 2-21-3 所示。

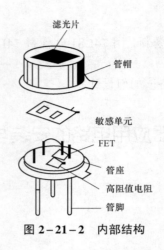

图 2-21-2 内部结构

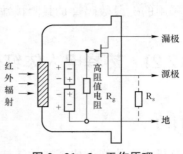

图 2-21-3 工作原理

敏感单元一般采用热释电材料——锆钛酸铅（PZT）制成，这种材料在外加电场撤除后仍然保持极化状态，且自发极化强度 P_S 随温度升高而下降。

制作敏感单元时，先把热释电材料制成很小的薄片，再在薄片两面镀上电极，构成两个串联的有极性的小电容，因此由于温度变化而输出的热释电信号也是有极性的。由于把两个极性相反的热释电敏感单元做在同一个晶片上，当环境的影响使整个晶片产生温度变化时，两个传感单元产生的热释电信号相互抵消，起到补偿作用；使用热释电传感器时，前面要安装透镜，使外来的红外辐射只会聚在一个传感单元上，这时产生的信号不会被抵消。

热释电人体红外传感器的特点是，它只在由于外界的辐射而引起本身温度变化时，才给出一个相应的电信号，当温度的变化趋于稳定后，就不再有信号输出。所以，热释电信号与它本身的温度变化率成正比，即热释电传感器只对运动的人体敏感。

通常，敏感单元材料阻抗非常高，要用场效应管进行阻抗变换后才能使用。电路中高阻值电阻 R_g 的作用是释放栅极电荷，使场效应管正常工作；采用源极输出时，要外接源极电阻 R_s，源极电压为 0.4~1.0 V。

制成敏感单元的 PZT 是一种广谱材料，能探测各种波长辐射。为了使传感器对人体最敏感，而对太阳、电灯光等有抗干扰性，传感器采用了滤光片做窗口。滤光片使人体辐射的红外线最强的波长正好落在滤光窗响应波长的中心处，所以滤光窗能有效地让人体所辐射的红外线通过，阻止太阳光、灯光等可见光中的红外线通过，以免引起干扰。

为了提高传感器的灵敏度，可在传感器前 1~5 cm 处放置菲涅尔透镜，使探测距离从一般的 2 m 提高到 10~20 m。在实验室试验时，可不加菲涅尔透镜。

在实际应用中，传感器往往需要预热，这是由传感器本身决定的。一般被动红外探测器需要 1 min 左右的预热时间。热释电传感器技术参数可参见有关资料。

2）热释电人体红外传感器的应用

图 2-21-4 是使用 SD02 型热释电人体红外传感器组成的放大检测电路。电路中使用 LM324 四运放分别构成 IC_1、IC_2 两级高倍放大器，对 SD02 检测到的信号进行放大。IC_3、IC_4 构成窗口比较器，当 IC_2 电压幅度在 U_A 到 U_B 之间时，IC_3、IC_4 输出低电平；当 IC_2 输出电压大于 U_A 时，IC_3 输出高电平；当 IC_2 输出电压小于 U_B 时，IC_4 输出高电平，经 VD_1、

VD$_2$ 隔离后分别输出，以控制后续报警及控制电路。R$_{11}$ 用于设定窗口的阈值电平，调节 R$_{11}$ 可调节检测器的灵敏度。当有人在热释电检测电路的有效范围内走动时，将引起 LED$_1$ 和 LED$_2$ 交替闪烁。

电路中，运放 LM324 无论是作放大器还是比较器，都采用了单电源。在传感器无信号时，IC$_1$ 的静态输出电压为 0.4～1.0 V；IC$_2$ 在静态时，由于同相端电位为 2.5 V，故直流输出电平为 2.5 V；而比较器 IC$_3$ 和 IC$_4$ 的基准电位则由电阻 R$_{10}$、R$_{11}$ 和 R$_{12}$ 的阻值确定。

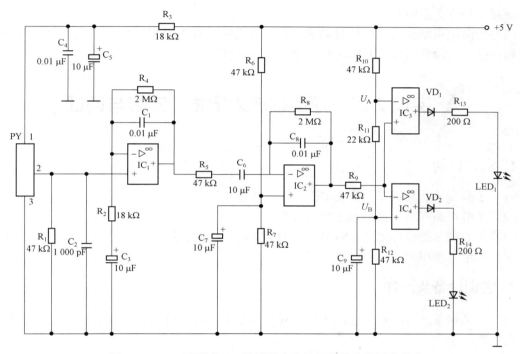

图 2-21-4　使用 SD02 型热释电人体红外放大检测电路

4. 实训内容及步骤

（1）按照图 2-21-4 进行电路组装。四运放 LM324 的管脚功能及排列参见附录 C.2。

（2）如电路不工作，可由前至后逐级检查电路，顺序为先静后动。首先用万用表检查静态时各级输入、输出直流电位。如 IC$_1$ 输出电位应为 0.4～1 V，且两输入端满足虚短路特点，IC$_2$ 两输入端直流电位应在 2.5 V 左右，且近似相等，IC$_3$、IC$_4$ 工作于开环，其输入、输出电位应满足开环时的特性。静态工作基本正常后，可将手臂在传感器前移动，观察两只发光二极管能否点亮和熄灭。

（3）电路正常工作后，测试电路参数，内容如下：

① 静态时传感器 2 脚、IC$_1$～IC$_4$ 输入、输出各点静态电位；

② 以人体测量本装置的灵敏度（作用距离）。

5. 实训报告

（1）记录实验结果，整理实验数据。

（2）总结实验现象，分析产生误差的原因。

（3）完成思考题。

6. 思考题

（1）电路中电容 C_4、C_5 的作用是什么？电容 C_1 和 C_8 的作用是什么？若去掉 C_1 和 C_8，对传感器信号有无影响？

（2）为防止电路在实际应用时频繁动作，请用定时器 NE555 设计一个延时触发电路，要求当传感器检测到人体信号时，5 s 后执行控制动作。

实训 2.22　可编程放大电路的安装与调试

1. 实训目的

（1）了解和熟悉集成模拟开关 CC4066 的功能及使用方法。

（2）了解可编程放大器的基本结构和形式。

（3）了解和熟悉译码器 74LS138 或 74LS148 的使用方法，理解使能端、片选端和地址输入端的作用及使用方法。

2. 实训设备及器件

（1）实训设备：直流稳压电源 1 台，双踪示波器 1 台，函数信号发生器 1 台，万用表 1 只，面包板 1 块。

（2）实训器件：集成模拟开关 CC4066，六施密特反相器 CC40106，双 D 触发器 CC4013，3 - 8 线译码器 74LS138，LM324，电阻，电容。

3. 实训电路及说明

在多路数据采集系统中，各检测回路可能采用不同类型的传感器，由于它们的灵敏度不等，所以提供给放大器输入端的信号幅度范围也不同（从微伏到伏）。为了保证送到 A/D 转换器的信号大致在同一范围内，需要对各通道信号进行不同增益的放大，即采用可编程放大器，通过程序调节各通道放大倍数，使 A/D 转换器满量程信号达到均一化，从而大大提高测量精度。可编程放大器的结构原理如图 2-22-1 所示。

在图 2-22-1 中，可编程电阻网络可用译码器和集成模拟开关控制。在用计算机进行编程控制时，译码器的地址输入和使能端由计算机控制；在进行巡回检测时，可用二进制计数器的输出作译码器的地址输入。图 2-22-2 为可编程交、直流放大器电路，由四双向模拟开关 CC4066、集成运放 LM324 及电阻连接而成，模拟开关的控制端（图中未画出）可连接 2-4 线或 3-8 线译码器的输出端。

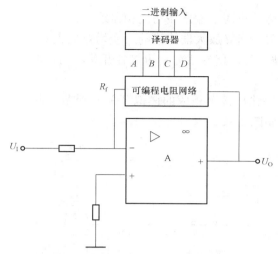

图 2-22-1　可编程放大器的结构原理

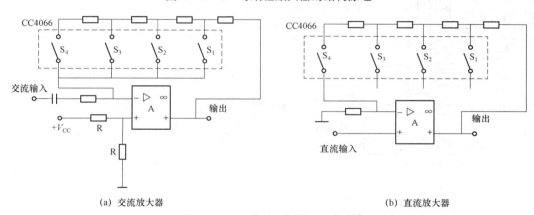

(a) 交流放大器　　　　　　　　　　　　　(b) 直流放大器

图 2-22-2　可编程放大器电路

　　一个实用的可编程交流放大器电路如图 2-22-3 所示。图中，由 CC40106 六施密特反相器中的一个单元与电阻 R_1、电容 C_1 构成一个多谐振荡器，产生频率低于 1 Hz 的方波，作为 CC4013 双 D 触发器构成的 2 位二进制异步计数器的时钟脉冲。该计数器的输出作为 74LS138 译码器的低 2 位地址，译码后使 $\overline{Y0} \sim \overline{Y3}$ 四个输出端循环输出低电平，经反相器后变成相应高电平，依次循环控制 CC4066 集成模拟开关 $S_1 \sim S_4$ 的通断，使集成运算放大器组成一个可编程放大器，其电压放大倍数分别为 1、2、3、4。本实训中采用交流放大形式，若进行直流放大，则应采用同相输入端，如图 2-22-2（b）所示。

　　CC40106、CC4013、CC4066、74LS138 和 LM324 的管脚排列及引出端功能参见附录 C.2 和 C.3。电路中所有芯片都采用 +5 V 电源。

4. 实训内容及步骤

依照电路原理图，按以下步骤组装调试电路：

（1）组装多谐振荡器，用示波器观察输出的方波；

（2）组装异步二进制计数器，用示波器检测两个通道的输出；

（3）组装译码器电路并将四个输出端与反相器连接；

（4）组装由模拟开关与运算放大器构成的可变增益放大器，输入一个频率为 2 kHz、有效值为 20 mV 的正弦波信号，用导线分别短接各开关，用示波器观察输出波形和幅度是否正确；

（5）把反相后的译码输出接至相应的模拟开关控制端，调节示波器扫描频率和同步旋钮，在屏幕上分别调出如图 2-22-4 所示的波形。

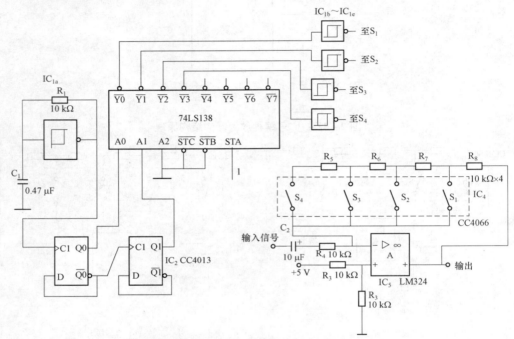

图 2-22-3　一个实用的可编程交流放大器电路

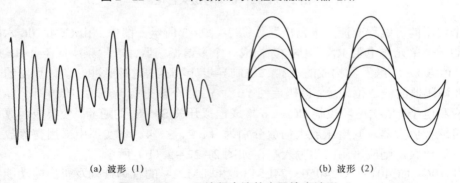

（a）波形（1）　　　　　　　　（b）波形（2）

图 2-22-4　可编程交流放大器输出波形

5. 实训报告

（1）记录实验结果，整理实验数据及所测波形。

（2）完成思考题。

6. 思考题

（1）如果实验电路中的 LM324 采用如图 2-22-2（b）所示的直流放大器形式，并输入一个 0.5 V 直流电压，请画出输出波形。

（2）本实训中，除采用施密特反相器作多谐振荡器外，能不能用 LM324 产生方波？比较采用这两种多谐振荡电路的合理性。

（3）若使用 74LS139 作译码器，电路应怎样连接？若使用 74LS138 的 $\overline{Y4} \sim \overline{Y7}$ 作模拟开关控制，电路应怎样连接？

第 3 单元

电子技术综合实践训练

　　根据高职高专电类专业的办学定位和就业指向要求，电子技术综合实践训练的主要任务是：通过解决几个实践问题，巩固和加深"模拟电子技术"和"数字电子技术"课程中所学的理论知识和实践技能，基本掌握常用电子电路的一般分析方法与设计方法，提高对电子电路的设计、安装与调试能力，为后续的课程设计、毕业设计提供范例，并为今后从事生产和科技开发打下一定的基础。

　　电子技术综合实践训练的主要内容是：根据电路的功能要求设计电子电路，对电路进行安装、调试，写出设计总结报告等。电子电路的设计包括选择总体方案、设计单元电路、选择元器件及计算参数等步骤，这对于刚学过模电、数电的学生来说，内容是全新的，也是综合实训的关键环节。安装与调试是把理论付诸于实践的过程，没有通过安装、调试的电路是没有任何价值的电路，只有通过安装与调试，进一步完善电路及参数，使之达到所要求的性能指标，才能将理论设计转变为实际产品。在综合实践训练的最后，要求写出综合训练的总结报告，把理论设计的内容、组装及调试的过程及性能指标的测试结果进行全面的总结，把实践内容再上升到理论的高度。

衡量综合实践训练完成好坏的标准是：电子电路理论设计是否正确，参数选择是否合理；产品工作是否稳定可靠，是否能达到所需要的性能指标；电路设计性价比是否高，是否便于生产、测试和维修；总结报告是否翔实，数据是否完整、可信等。

本单元是"电子技术实践与训练"课程的提高部分。学生在完成第2单元的实训，对现有的样板电路进行功能分析、安装与调试后，需要根据电路的功能要求来选择和设计电路，并通过安装与调试来检验设计成果，使学生的实践动手能力上升到解决实际工程问题的高度。

为了帮助学生解决进入工程实际的困难，本单元重点是精选实际的设计、安装、调试案例，起到引导和示范的作用。其中，实训3.1～3.3为模拟电路的设计，实训3.4～3.5为数字电路的设计，而实训3.6则为模、数理论电路的综合设计。以实训项目为示范，希望学生能基本了解电子电路工程设计的一般方法和基本规律，至少在碰到相近项目时有章可循，不至于无从下手、无所适从。

实训 3.1　多路直流稳压电源的设计与制作

　　任何一个电子设备都要由一组或多组高稳定性的直流电源来供电，直流电源的作用之一是为各级电路中半导体器件提供合适的偏置电压，其次是作为整个电子电路的能源。目前，直流电源最主要的获得方法是对电网电压的单相交流电（220 V/50 Hz）进行整流、滤波和稳压后获得。根据处理方法的不同，直流电源可分为线性直流电源和开关型直流电源两大类型。本实训项目主要针对线性直流电源中的串联型稳压电源提供设计方法。直流电源最重要的技术指标为：输出直流电压、提供最大的直流电流及最小的纹波电压，这也是在设计直流电源时应抓住的关键问题。各类集成直流稳压器目前已成为电源市场的主流产品，它的高性能、高可靠性及高性价比是分立元件直流稳压电路无法比拟的，在选择设计方案时应放在优先的地位。

1. 设计内容和要求

　　设计一个能同时输出 + 12 V、− 12 V、+ 5 V 的直流稳压电源，设计要求如下：

　　① 同时输出 3 组直流电源，其中，±12 V 电源输出直流电压为（±12±0.1）V，+ 5 V 电源输出电压为（+ 5±0.5）V；

　　② 3 组电源输出最大直流电流均为 200 mA；

　　③ 各组电源的输出纹波电压均不超过 2 mV，内阻均不大于 0.1 Ω；

　　④ 只允许 AC 220 V 供电，电源变压器可根据设计要求直接选用。

　　本实训项目的中心任务是：按上述设计指标设计电路，并安装、调试，达到设计要求。

2. 设计方案的选择

　　根据设计要求，选择总体方案的原理框图如图 3－1－1 所示。

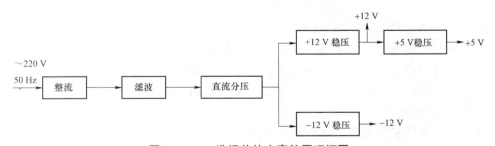

图 3－1－1　选择总体方案的原理框图

3. 单元电路参数设计

1）整流电路的设计

　　对于传统的线性直流电源，整流电路的功能是将 220 V 电网电压降到合适的交流电压值，并将其变为单向脉动电压。为了提高效率、降低对整流二极管耐压的要求，选择的整流电路如图 3-1-2 所示。

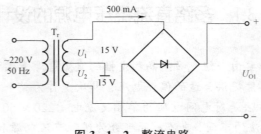

图 3-1-2　整流电路

（1）电源变压器的选用。

图 3-1-2 中，电源变压器 T_r 选用双 15 V 工频变压器，根据图 3-1-1，当+12 V 和+5 V 直流电源同时供出 200 mA 最大电流时，电源变压器次级最小应提供 400 mA 的电流，为了留有余量，选取的变压器次级绕组最大应提供 500 mA 的输出电流，功率不小于 15×0.5×2=15（W），若考虑功率损耗，则容量应更大一些。电源变压器可外购或定制，不在本实训项目的设计范围之内。

（2）整流二极管的选取。

图 3-1-2 中，变压器中心抽头接地，直接与后级的分压电路公共端点相接，则整流电路实质上是两个全波整流电路的组合，但在参数设计时仍可把它看成是一个桥式整流，只不过变压器的输出电压应为 2×15=30（V）。由上，整流二极管的选择原则如下。

① 整流二极管的最大正向电流 I_F：由前，电流正常工作时需输出的最大电流为 400 mA。考虑到电路一般选用电容滤波，浪涌电流往往是一般电流的 1.5～2 倍，在选择整流二极管时应当有足够的裕量，一般取 $I_F \geqslant 1.2 I_{omax}$，故整流二极管的 I_F 应大于等于 500 mA。

② 整流二极管的反向击穿电压 U_{RM}：对于全波整流，当负载开路时能承受的最高反向电压应为 $2\sqrt{2}U_2$，即 $2\sqrt{2}×15=42.3$（V）。再考虑电网电压的正常波动，为保证二极管安全应用，所选整流二极管的反向耐压至少应大于 50 V。

由上，查晶体管手册，塑封整流二极管 1N4001，最高反向工作电压 $U_{RM} \geqslant 50$ V，额定整流电流 $I_F = 1.0$ A，可以满足本电路要求。

整流二极管也可选用二极管整流桥，它采用厚膜工艺将 4 只整流二极管按电桥电路连接封装在一起，只有输入、输出 4 只管脚供用户使用，如选择 1CQ100 V/0.5 A 的二极管整流桥，其最高反向电压为 100 V，最大输出电流为 500 mA，可满足本电源电路的要求。

2）滤波电路的选择

电源滤波电路的功能是将整流后的单向脉动电压进行平滑，减少脉动成分，保留直流成分。通常，利用电容、电感的储能作用设计的滤波电路，显然是一种低通滤波电路。由于本电源输出最大电流只有 400 mA，属于小功率电源，所以选用简单的电容滤波电路，如图 3-1-3 所示。图中，C_1 为滤波电容，其作用如图 3-1-4 所示，利用电容的储能作用，在使 U_{O1} 波形平滑的同时，可以提高输出电压的平均值。

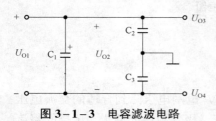

图 3-1-3　电容滤波电路

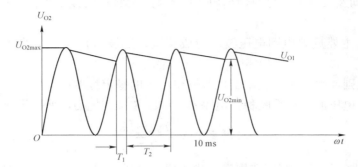

图 3-1-4 桥式整流电容滤波电路波形图

C_1 的选择原则如下。

（1）耐压的选择。

由于 C_1 的容量往往较大，毫无例外地选用铝电解电容，铝电解电容的优点是容量大、价格低；缺点是正、负极不能接错，且耐压较低，一旦极性接错或工作电压超过标定的耐压值，电容将被击穿。

C_1 承受最大电压时发生在负载开路，且电网电压波动到最高时滤波器输出电压值，即 $U_{O2max} = \sqrt{2} \times 2U_2 \times 1.1 = 46.7$（V），式中系数 1.1 是根据电网电压正常波动的上限 +10% 而设定的。

由上，C_1 应选耐压不低于 46.7 V 的铝电解电容，故应选取系列值为耐压 50 V 的电容。

（2）C_1 电容量的计算。

由于电网电压波动及负载的影响，严格计算 C_1 的电容量较为复杂。如图 3-1-4 所示，根据电容充放电规律，则有

$$\Delta U_{O2} = \frac{1}{C_1} \int_0^{10} I_O \mathrm{d}t$$

式中，ΔU_{O2} 为电容充放电而引起的 U_{O2} 的变化量，10 ms 为电网电压的半个周期，即在电容电压从 $2\sqrt{2} U_2$ 放电到 U_{O2min} 的 T_2 时间，因 $T_2 \gg T_1$，故取 $T_2 = 10$ ms。I_O 为整流电路供给负载的最大电流，应理解为 I_{Omax}，本电路为 500 mA。

ΔU_{O2} 的计算较为烦琐，一般采取经验方法选取 C_1 的电容量，由于后级均采用高性能的集成稳压器，纹波抑制比很高，再加上本电源的提供电流只有 500 mA。若取 $C_1 = 1\ 000\ \mu F$，一般可达到内阻 0.1 Ω 及纹波电压不超过 2 mV 的要求，若在调试中达不到设计要求，可适当加大 C_1 的容量。由上取 C_1 为 1 000 μF、耐压大于等于 50 V 的铝电解电容。

3）直流分压电路的设计

直流分压电路如图 3-1-3 中的 C_2、C_3 所示，采用电容分压，主要目的是将滤波后的直流电压分为正、负两组，提供正稳压器和负稳压器的输入直流电压。

因滤波后的直流电压值约为 $U_{O2} = 2 \times 15 \times 1.2 = 36$（V），若取 $C_2 = C_3$，则 $U_{O3} = 18$ V，$U_{O4} = -18$ V，满足集成稳压器输入电压的要求。

4）±12 V 直流电源的电路选择及参数确定

稳压电路的功能是将整流滤波后的直流电压进行稳压，以达到所需的直流电压值，且减

小电网电压的波动及负载的变化对输出电压的影响。关键性的技术指标为稳压系数、输出内阻及纹波系数。

① 稳压系数主要反映电网电压波动造成整流、滤波后直流电压的波动对输出电压的影响；

② 输出内阻则反映当负载发出变化时输出电压的稳定程度；

③ 输出纹波电压的大小反映稳压电路本身的纹波抑制能力，通常用纹波系数表示：

$$纹波系数 = \frac{纹波电压}{输出电压}$$

根据设计要求，稳压电路应选用三端稳压器来完成。对于 ±12 V 两组直流电源，电压均为标称值，可选用三端固定式稳压器，如 CW7812、CW7912，但设计要求输出电压的最大误差为 ±0.1 V，对于 78、79 系列，正常误差最大达到 ±0.25 V，难以达到设计要求，虽可以接成可调形式，但流向公共端的电流较大，且稳定性下降。综上，确定选用三端可调式集成稳压器 CW117/217/317（正可调）、CW137/237/337（负可调），其最大优点是调整端电流 I_{ADJ} 只有 50 μA，且提供的基准电压为 ±1.25 V，稳定性明显高于固定式。三端可调式集成稳压器的性能参数如表 3-1-1 和表 3-1-2 所示。

表 3-1-1　CW117/217/317 的性能参数
（$V_I - V_O = 5$ V，$I_O = 500$ mA，$T_{jmin} \leqslant T_j \leqslant T_{jmax}$）

参数名称	符号	测试条件		规范值						单位
				CW117/217			CW317			
				最小	典型	最大	最小	典型	最大	
电压调整率	S_V	$3\ V \leqslant \lvert V_I - V_O \rvert \leqslant 40\ V$ $T_A = 25\ ℃$			0.01	0.02		0.01	0.04	V
		$3\ V \leqslant \lvert V_I - V_O \rvert \leqslant 40\ V$			0.02	0.05		0.02	0.07	
电流调整率	S_I	$10\ mA \leqslant I_O \leqslant I_{Omax}$ $T_a = 25\ ℃$	$V_O \leqslant 5\ V$	5	15		5	25		mV
			$V_O \geqslant 5\ V$	0.1	0.3		0.1	0.5		V
		$10\ mA \leqslant I_O \leqslant I_{Omax}$	$V_O \leqslant 5\ V$	20	50		20	70		mV
			$V_O \geqslant 5\ V$	0.3	1		0.3	1.5		V
调整端电流	I_{ADJ}				5	100		50	100	μA
调整端电流变化	ΔI_{ADJ}	$2.5\ V \leqslant \lvert V_I - V_O \rvert \leqslant 40\ V$ $10\ mA \leqslant I_O \leqslant I_{Omax} \quad P_C \leqslant P_M$			0.2	5		0.2	5	μA
基准电压	V_{REF}	$\lvert V_I - V_O \rvert \leqslant 23\ V$ $10\ mA \leqslant I_O \leqslant I_{Omax} \quad P_C \leqslant P_M$		1.2	1.25	1.3	1.2	1.25	1.3	V
最小输出电流	I_{Omin}	$\lvert V_I - V_O \rvert \leqslant 40\ V$			3.5	5		3.5	10	mA
纹波抑制比	S_{rip}	$V_O = 10\ V/100\ Hz$	$C_{ADJ} = 0$		65			65		dB
			$C_{ADJ} = 10\ μF$	66	80		66	80		
最大输出电流	I_{Omax}	$\lvert V_I - V_O \rvert \leqslant 15\ V$ $P_C \leqslant P_M$		1.5	2.2		1.5	2.2		A

续表

参数名称	符号	测试条件	规范值						单位
			CW117/217			CW317			
			最小	典型	最大	最小	典型	最大	
最大输出电流	I_{Omax}	$\|V_I - V_O\| \leqslant 40$ V　$T_j = 25$ ℃　$P_C \leqslant P_M$	0.3	0.4		0.15	0.4		A
输出噪声电压	V_N	$T_j = 25$ ℃　10 Hz～10 kHz 有效值		0.03			0.03		V
长期稳定性	S_T	$T_a = 125$ ℃　$T_j = T_{jmax}$		0.3	1		0.3	1	1 000 h

表 3－1－2　CW137/237/337 的性能参数

（$\|V_I - V_O\| = 5$ V，$I_O = 500$ mA，$T_{jmin} \leqslant T_j \leqslant T_{jmax}$）

参数名称	符号	测试条件		规范值						单位
				CW137/237			CW337			
				最小	典型	最大	最小	典型	最大	
电压调整率	S_V	3 V$\leqslant|V_I - V_O|\leqslant$40 V　$T_A = 25$ ℃			0.01	0.02		0.01	0.02	V
		3 V$\leqslant|V_I - V_O|\leqslant$40 V			0.02	0.05		0.02	0.07	
电流调整率	S_I	10 mA$\leqslant I_O \leqslant I_{Omax}$			15	25		15	20	mV
		$T_a = 25$ ℃			0.1	0.3		0.1	0.05	V
		10 mA$\leqslant I_O \leqslant I_{Omax}$			20	50		20	70	mV
		$T_a = 25$ ℃			0.3	1		0.3	1.5	V
调整端电流	I_{ADJ}				65	100		65	100	μA
调整端电流变化	ΔI_{ADJ}	2.5 V$\leqslant|V_I - V_O|\leqslant$40 V　10 mA$\leqslant I_O \leqslant I_{Omax}$　$P_C \leqslant P_M$　$T_a = 25$ ℃			2	5		2	5	μA
基准电压	V_{REF}	$T_a = 25$ ℃		−1.23	−1.25	−1.3	−1	−1.25	−1.3	V
		23 V$\leqslant|V_I - V_O|\leqslant$40 V		−1.2	−1.25	−1.3	−1	−1.25	−1.3	
		10 mA$\leqslant I_O \leqslant I_{Omax}$　$P_C \leqslant P_M$								
最小输出电流	I_{Omin}	$\|V_I - V_O\| \leqslant 40$ V			2.5	5		2.5	10	μA
		$\|V_I - V_O\| \leqslant 10$ V		1.2	3		2	6		
纹波抑制比	S_{rip}	$V_O = 10$ V / 100 Hz	$C_{ADJ} = 0$		60			60		dB
			$C_{ADJ} \geqslant 10$ μF	66	77		66	77		
最大输出电流	I_{Omax}	$\|V_I - V_O\| \leqslant 15$ V　$P_C \leqslant P_M$		1.5	2.2		2	2.2		A
		$\|V_I - V_O\| \leqslant 40$ V　$T_j = 25$ ℃　$P_C \leqslant P_M$		0.24	0.4		0	0.4		
输出噪声电压（RMS）	V_N	$T_j = 25$ ℃			0.03			0.03		V
长期稳定性	S_T	$T_j = 125$ ℃			0.3	1		0.3	1	1 000 h

±12V 稳压电路如图 3-1-5 所示。

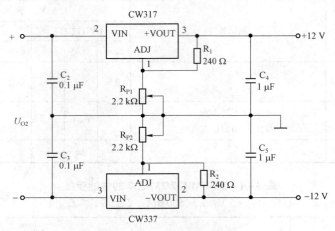

图 3-1-5 ±12 V 稳压电路

图 3-1-5 中，R_1、R_{P1} 及 R_2、R_{P2} 组成可调输出的电阻网络。为了能使电路中偏置电流和调整管漏电流被吸收，所以设定 R_1 和 R_2 的阻值为 120～240 Ω，通过 R_1、R_2 所泄放的电流为 5～10 mA。

输入端外接电容 C_2 和 C_3 有利于提高纹波抑制能力，输出端外接电容 C_4、C_5 能消除振荡，确保电路稳定工作。与 CW78XX、CW79XX 不同，三端可调式稳压器一般取 $C_2 = C_3 = 0.1$ μF，$C_4 = C_5 = 1$ μF。

图 3-1-5 所示电路的输出电压为：

$$U_O = 1.25\left(1 + \frac{R_{P1}}{R_1}\right) + I_D R_{P1}$$

若取 $R_1 = 240$ Ω，忽略 I_D 的影响，则 $R_{P1} = (U_O/1.25 - 1)R_1$，令 $U_O = 12$ V，则 $R_{P1} = (12/1.25 - 1)\times 240 = 2\ 064$（Ω）。若取 R_{P1} 为标称阻值为 2.2 kΩ 的电位器，$I_D = I_{ADJ} = 50$ μA，则 $I_D R_{P1} = 50\times 10^{-6}\times 2.2\times 10^3 = 0.011$（V），这是一个固定误差。而 ΔI_{ADJ} 最大只有 5 μA，因其变化而造成的输出电压变化 ΔU_O 只有 0.011 V，在技术要求范围之内。同样，取 $R_2 = R_1 = 240$ Ω，$R_{P2} = R_{P1} = 2.2$ kΩ（电位器），以保证正负电源的对称性。

5）+5 V 直流电源的电路选择及参数确定

根据设计要求及图 3-1-1，+12 V 电源除提供 200 mA 的一组直流电源外，还要经过二次稳压，输出 200 mA/(+5±0.5)V 的另一组直流电源。电路的选择方案有二：一是利用稳压二极管进行稳压，如选用大功率稳压二极管 2DW 系列，最大电流可达 1 A 左右，但由于稳压二极管所加限流电阻，内阻一般在几欧至几十欧，难以达到设计要求；二是采用三端固定式集成稳压器 CW7805，通过 +12 V 进行二次稳压，完全可以达到设计要求。CW7805 的电参数规范如表 3-1-3 所示。

表 3-1-3　CW7805 的电参数规范

参数名称	符号	测试条件	规定值						单位
			CW7805			CW7805C			
			最小	典型	最大	最小	典型	最大	
输入电压	U_I		10						V
输出电压	U_O	$5\ \text{mA} \leqslant I_O \leqslant 1.0\ \text{A}$ $P_C \leqslant 15\ \text{W}$	4.65	5.00	5.35	4.75	5.00	5.25	V
			$U_I = 8 \sim 20\ \text{V}$			$U_I = 7 \sim 20\ \text{V}$			
		$I_O = 500\ \text{mA}$, $T_i = 25\ ℃$	4.80	5.00	5.20	4.80	5.00	5.20	V
电压调整率	$S_V(\Delta U_O)$	$I_O = 500\ \text{mA}$ $T_i = 25\ ℃$		1.0	25		2.0	50	mV
			$8\ \text{V} \leqslant U_I \leqslant 12\ \text{V}$						
		$I_O = 500\ \text{mA}$ $T_i = 25\ ℃$		2.0	50		7.0	100	mV
			$7\ \text{V} \leqslant U_I \leqslant 25\ \text{V}$						
电流调整率	$S_I(\Delta U_O)$	$5.0\ \text{mA} \leqslant I_O \leqslant 1.5\ \text{A}$ $T_i = 25\ ℃$		25	50		40	100	mV
		$250\ \text{mA} \leqslant I_O \leqslant 750\ \text{mA}$ $T_i = 25\ ℃$		8.0	25		15	50	
静态工作电流	I_D	$I_O = 500\ \text{mA}$, $T_i = 25\ ℃$		3.2	6		4.3	8.0	mA
静态工作电流变化	ΔI_D	$5.0\ \text{mA} \leqslant I_O \leqslant 1.0\ \text{A}$		0.04	0.5			0.5	mA
		$I_O = 500\ \text{mA}$		0.3	0.8			1.3	
			$U_I = 8 \sim 25\ \text{V}$			$U_I = 7 \sim 25\ \text{V}$			
纹波抑制比	S_{rip}	$I_O = 500\ \text{mA}$, $f = 100\ \text{Hz}$ $T_i = 25\ ℃$	68	75			68		dB
			$8\ \text{V} \leqslant U_I \leqslant 18\ \text{V}$						
最小输入/输出压差	$|U_I - U_O|_{\min}$	$I_O \leqslant 1.0\ \text{A}$, $T_i = 25\ ℃$		2.0	2.5		2.0		V
输出噪声电压	V_N	$10\ \text{Hz} \leqslant f \leqslant 100\ \text{kHz}$ $T_i = 25\ ℃$		10	40		10		μV
输出阻抗	Z_O	$1.0\ \text{kHz}$		17			17		mΩ
峰值输出电流	$I_{O\max}$	$T_i = 25\ ℃$	1.3	2.5	3.3		2.2		A
输出电压温度系数	S_T	$I_O = 500\ \text{mA}$ $T_{i\min} \sim T_{i\max}$		±0.6			-1.1		mV/℃

注：加足够散热片，$T_c = 25\ ℃$ 时允许功耗 $P_M \geqslant 7.5\ \text{W}$。

　　+5 V 直流电源电路如图 3-1-6 所示。图中，为了改善纹波特性，在输入端紧接电容 C_6，一般取值为 0.33 μF；在输出端紧接电容 C_7，这样可以改善负载的瞬态响应，一般取 0.1 μF。图中，1 脚为稳压器的输入端，3 脚为输出端，2 脚为地端。应用时 1 脚与 3 脚的压差应大于 2 V。

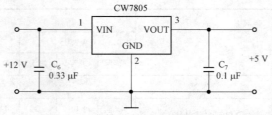

图 3-1-6　+5 V 直流电源电路图

4. 总电路图

多路直流稳压电源的总原理图如图 3-1-7 所示。图中，C_6、C_7、C_{10} 为各组电源输出端并接的滤波电容，可进一步抑制各电源输出的纹波电压，有助于提高纹波抑制比。因滤除的对象为 100 Hz 的纹波，电容一般取值在 100～220 μF 之间，本设计选用电容值为 100 μF、耐压 15 V 的铝电解电容。

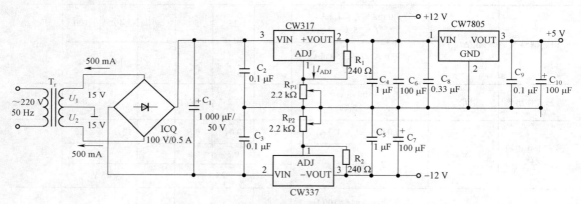

图 3-1-7　多路直流稳压电源的总原理图

5. 实验与调试

1）准备元器件

按图 3-1-7 中元器件的规格、型号、数量配齐元器件，准备进行样机的安装与调试。电路可采用多功能板进行焊接，也可在面包板上进行插装。无论采用哪种方式，首先要根据变压器、元器件的实际尺寸进行合理布局，以保证安装后的样机结构紧凑，元器件摆放合理，调试方便，尤其要注意变压器、二极管电桥的固定和焊接。

2）安装与调试

安装、调试的方法有两种：一种是整体安装，集中调试，即按照总电路图一次性将元器件安装完毕，再通电调试、测试，对个别元器件参数进行调整，直至达到设计要求；另一种方法是逐步安装、调试，对于本电源电路，第一步安装整流、滤波、分压电路，经测试使整流、滤波后的直流电压达到理论值 $2\sqrt{2}\,U_2$ 后，再看电容 C_2、C_3 分压后接到集成稳压器的正、负电压是否基本相等。前级基本达到设计要求后再安装稳压部分。CW317、CW337 可以同时装接，也可以先安装其中一个。如先安装 CW317 及其外围电路，调 R_{P1} 看输出直流电压是否改变，直至调到 +12 V；再安装 CW337 及其外围电路，调 R_{P2} 使输出电压达到 −12 V；最后再安装 CW7805，使输出电压达到正常值。在安装、调试过程中若出现不正常现象，应及时切断电源，分析故障现象，找出故障原因，排除故障后再接通电源。

电源电路在安装调试过程中最常见的错误有：

① 电源变压器次级绕组中间抽头没有接地，造成稳压器输入电压异常，甚至烧坏；

② 滤波电容 C_1 的极性接错或耐压不够，造成 C_1 过热，甚至击穿；

③ CW317、CW337、CW7805 的管脚接错造成稳压器损坏；

④ 电位器 R_{P1}、R_{P2} 的活动端、固定端接错或阻值不够。

对于初学者，建议采用逐步安装、调试的方法。

3）调试、测量、数据处理及分析

电路安装并初测使电路基本正常工作后，接下来的任务是对电路进行细调并测量各级电路参数，分析是否达到设计要求。若某一项指标达不到设计要求，要重新进行调整，甚至更换元器件，使之逐一达到设计要求。能否达到设计要求应以测试数据为准，要考虑测试仪器、仪表选择是否合理，测试方法是否正确，测量的数据是否具有可靠性。电源电路所用的测量仪器只有数字万用表、示波器、交流毫伏表、大功率负载电阻或电位器等，测试步骤分为空载和有载两种情况。所谓空载是指各组电源均不接负载，输出直流电流 $I_O = 0$；所谓有载是指加接负载后电源输出直流电流达到额定值，如 +12 V 电源，空载时调 R_{P1} 使输出电压为12.00 V，并测量各级各点电参数。接上电阻负载，使输出直流电流达到 400 mA，即加上 30 Ω 的电阻后，再测量输出电压、输出纹波电压，直至整流、滤波各级的电压，以此分析纹波电压输出内阻是否达到设计要求。

下面以某同学对如图 3 – 1 – 7 所示电源电路安装、调试后所测数据来说明数据处理及分析的基本方法。

① 测试仪器、器材的选用及测试环境。

测试仪器：$3\frac{1}{2}$ 位数字万用表 DT9802 一只，双踪示波器 CA9040 A 一台。

功率负载：30 Ω/10 W 线绕电阻一只，60 Ω/5 W 大功率电阻一只，30 Ω/1 W 电位器一只。

② 空载测试（各组电源均不接负载）。

接通电源，预运行 5 min 后，调 R_{P1} 使 +12 V 的电源输出为12.00 V，调 R_{P2} 使负电源输出为 −12.00 V（DT9802 直流电压拨至 20 V 挡），并测得 CW7805 输出电压为 5.02 V。

用万用表测得电源变压器输出交流电压 $2U_2 = 30.2$ V，滤波电容 C_1 上的直流电压 $U_{C1} = 36.8$ V，经 C_2、C_3 分压，测得 $U_{C2} = 19.0$ V，$U_{C3} = -17.8$ V。用示波器观测各级的纹波电压峰值为 $U_{cm1} = 36$ mV，$U_{cm2} = U_{cm3} = 18$ mV，+12 V 输出纹波电压 $U_{om1} = 0.2$ mV，−12 V 输出纹波电压 $U_{om2} = 0$ V，+5 V 输出纹波电压 $U_{om3} = 0$ V。

③ 对三组电源分别接上额定负载，并调 +5 V 电源的负载 30 Ω 电位器使阻值为 25 Ω，保证 CW7805 输出为额定电流 200 mA。这时用 DT9802 和 CA9040 A 分别测得数据如下：$2U_2 = 30.0$ V，$U_{C1} = 35.6$ V，$U_{C2} = 18.0$ V，$U_{C3} = 17.6$ V，$U_{cm1} = 220$ mV，$U_{cm2} = 130$ mV，$U_{cm3} = 90$ mV，$U_{om1} = 1.8$ mV，$U_{om2} = 1.0$ mV，$U_{om3} = 0.5$ mV，各组直流电压输出为 $U_{o1} = 11.97$ V，

$U_{o2} = -11.99 \text{ V}$，$U_{o3} = 5.01 \text{ V}$。

④ 数据分析及处理。

由上测试数据，该电源输出直流电压误差均在设计范围之内，$\pm 12 \text{ V}$ 电源误差均在 0.1 V 范围内，$+5 \text{ V}$ 电源的误差只有 0.01 V，该项达到设计要求。各级输出纹波电压均未超过 2 mV，达到设计要求。

内阻的计算：$+12 \text{ V}$ 电源组：$R_o = -\dfrac{\Delta U_o}{\Delta I_o} = -\dfrac{(11.97 - 12.00)\text{V}}{(400 - 0) \times 10^{-3} \text{A}} = 0.075 \ \Omega$

-12 V 电源组：$R_o = -\dfrac{\Delta U_o}{\Delta I_o} = -\dfrac{(11.99 - 12.00)\text{V}}{(200 - 0) \times 10^{-3} \text{A}} = 0.05 \ \Omega$

$+5 \text{ V}$ 电源组：$R_o = \dfrac{\Delta U_o}{\Delta I_o} = -\dfrac{(5.01 - 5.02)\text{V}}{(200 - 0) \times 10^{-3} \text{A}} = 0.05 \ \Omega$

由上计算各电源组的输出内阻均达到不大于 0.1 Ω 的要求。

结论：根据测试参数，该电源样机各项技术指标均达到设计要求。

6. 元器件清单

元器件清单如表 3-1-4 所示。

表 3-1-4　元器件清单

序号	名称	符号	规格型号	数量
1	电容	C_1	1 000 μF/50 V	1
2	电容	C_2、C_3、C_9	0.1 μF	3
3	电容	C_4、C_5	1 μF/16 V	2
4	电容	C_8	0.33 μF	1
5	电容	C_6、C_7、C_{10}	100 μF/16 V	3
6	电阻	R_1、R_2	0.25 W/240 Ω	2
7	电位器	R_{P1}、R_{P2}	2.2 kΩ	2
8	三端可调式集成稳压器		CW317	1
9	三端可调式集成稳压器		CW337	1
10	三端固定式集成稳压器		CW7805	1
11	二极管电桥		1CQ100 V/0.5 A	1
12	电源变压器	T_r	双 15 V，输出 15 W	1
13	线绕电阻（调试用）		30 Ω/10 W	1
14	线绕电阻（调试用）		60 Ω/5 W	1
15	功率电位器（调试用）		30 Ω/1 W	1

7. 设计任务

① 分析实训项目的设计要求，选择系统的设计方案，画出方框图。

② 介绍单元电路形式的选择与设计，元器件的选择。

③ 画出总电路图，说明电路的工作原理。

④ 写出安装与调试步骤、调试结果。列出实验数据，并对实验数据和电路工作情况进行分析。

⑤ 总结设计电路的特点和方案的优缺点，提出改进意见。

⑥ 写出收获和体会。

8. 思考题

① 若测试发现输出纹波电压的幅值超过设计要求，为了减小纹波幅值，应采取什么措施？

② 若测试发现几组电源的输出内阻均超过 0.1 Ω，而集成稳压器质量没有问题，你能否找出造成内阻过大的主要原因在哪里？

 ## 实训 3.2　精密差动放大电路的设计与制作

在电子测量、数据采集和工业控制等许多应用领域，首先要有一个前置放大器将各类传感器获取的弱信号进行处理和放大。由于传感器的类型很多，物理性能各异，放大电路要处理的信号往往是悬浮的电压信号，且内阻较大，在信号的获取过程中，往往伴有较大的共模干扰信号，这就要求放大电路具有较大的输入电阻，较高的共模抑制比（K_{CMR}）和很强的带负载能力，并且具有将双端输入变成单端输出的功能。由于直接对微弱信号进行测量有诸多困难，若前置放大器的电压放大倍数非常稳定，则可根据放大器的输出电压推算其输入信号的幅值，故高稳定性的精密放大器又称数据放大器或测量放大器，这就是本实训项目的设计任务和要求。

1. 设计内容和要求

设计并制作一个精密差动放大电路，设计要求如下：

① 输出电压与输入电压的关系是 $U_O = 100 U_I$，U_I 的频率不超过 5 Hz，且为悬浮信号；

② 常温下，当信号内阻在 100 kΩ～1 MΩ 范围内变化时，信号源开路电压为 0～±20 mV，放大器输出电压的实际值与理论值相对误差的绝对值不超过 0.5%；

③ 在工频信号作用下，共模抑制比 $K_{CMR} \geqslant 80$ dB；

④ 放大器在输入信号为 0 的情况下，24 h 内输出电压时漂不大于 ±10 mV；

⑤ 自制悬浮输出的直流信号源供调试用。

2. 设计方案的选择

根据数据放大器的特点及以上设计要求，目前普遍选用三运放精密差动放大电路，如

图 3-2-1 所示。

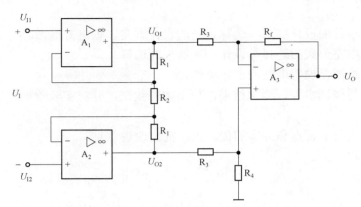

图 3-2-1 三运放精密差动放大电路

由图 3-2-1 可知，放大器采用两级放大。第一级利用集成运放 A_1、A_2 组成双端输入、双端输出的差动形式，实际上是两个同相比例运算电路的组合，利用同相输入的高输入阻抗及 A_1、A_2 参数的一致性，进一步提高对共模信号的抑制能力；第二级采取差动输入方式，即双端输入、单端输出，完成悬浮信号相对于地线的转换，转换的结果取决于外围电阻的对称程度，要求 $R_4=R_f$。本电路能否达到设计要求的关键，一是器件、元件参数的精密配对，二是精心调试。

为了便于单元电路的参数选择，下面先对如图 3-2-1 所示电路的工作原理及性能指标进行分析。

1）第一级电路工作原理分析

（1）差模信号处理。

由图 3-2-1 知，悬浮的差模输入信号 $U_I = U_{Id} = U_{I1} - U_{I2}$，从 A_1、A_2 同相输入端加入，R_1、R_2 引入很强的电压串联负反馈，使 A_1、A_2 两输入端具有虚短路特性。差模信号放大情况如图 3-2-2（a）所示，实际上加在 R_2 上的电压就是 U_{Id}，$U'_{I1} = U_{I1} = \frac{1}{2}U_{Id}$，$U'_{I2} = U_{I2} = -\frac{1}{2}U_{Id}$，根据差模信号的特点，$R_2$ 中间位置为差模信号的零电位，A_1、A_2 均组成同相比例运放电路。A_1 组成的差模等效电路如图 3-2-2（b）所示。则有

$$U_{O1} = \left(1 + \frac{R_1}{\frac{1}{2}R_2}\right)U_{I1} = \left(1 + \frac{2R_1}{R_2}\right)U_{I1}$$

同理可得：

$$U_{O2} = \left(1 + \frac{2R_1}{R_2}\right)U_{I2}$$

则差模放大倍数 $A_{ud1} = 1 + \frac{2R_1}{R_2}$。

可见，R_1、R_2 的比例决定了运放电路的放大能力。

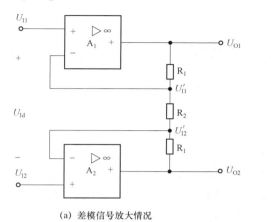 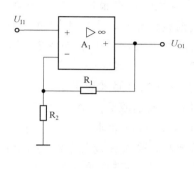

（a）差模信号放大情况　　　　　　　　　　（b）A_1组成的差模等效电路

图 3-2-2　输入差模信号分析

（2）共模信号处理。

对于共模信号，则 $U_{I1} = U_{I2} = U_{IC}$，同样由于 R_1、R_2 构成很强的共模负反馈，R_2 两端均为共模电压 U_{IC}，R_2 等效为无穷大电阻而被视为开路，A_1、A_2 均构成电压跟随器，即 $U_{O1} = U_{OC1} = U_{IC}$，$U_{O2} = U_{OC2} = U_{IC}$，相当于将共模信号一比一地传送至第二级。本级共模放大倍数 $A_{uc1} = 1$。以上分析是基于 A_1、A_2 参数一致性和两只 R_1 的等阻值。若参数上有差异，则 A_{uc1} 将大于 1。

2）第二级电路工作原理分析

第二级放大电路为典型的差动输入方式，在电路参数对称的情况下，

差模放大倍数：$A_{ud2} = -R_f/R_3$，　$U_O = -\dfrac{R_f}{R_3}(U_{O1} - U_{O2})$

共模放大倍数：$A_{uc2} = -\dfrac{R_f}{R_3}U_{IC} + \left(1 + \dfrac{R_f}{R_3}\right)\dfrac{R_f}{R_3 + R_f}U_{IC} = -\dfrac{R_f}{R_4}U_{IC} + \dfrac{R_f}{R_4}U_{IC} = 0$

3）总电路的性能分析

差模放大能力：

$$U_{od} = A_{ud1} \cdot A_{ud2} \cdot U_{Id} = \left(1 + \dfrac{2R_1}{R_2}\right)\left(-\dfrac{R_f}{R_3}\right)U_{Id} = -\dfrac{R_f}{R_3}\left(1 + \dfrac{2R_1}{R_2}\right)U_{Id}$$

共模抑制能力：$U_{OC} = U_{IC} \times 0 = 0$

共模抑制比：$K_{CMR} \to \infty$

以上分析均在理想条件下，实际电路中由于集成运放不是理想的，且 A_1、A_2 的参数不可能完全一致，两只 R_1、R_3、R_f 的阻值均不可能完全相等，最终的性能指标将大打折扣。作者曾多次指导学生制作该电路，选用双运放 F747 作为 A_1、A_2、A_3，外围电阻采用电桥精选配对，阻值误差在万分之一，K_{CMR} 可达 86 dB，而参数对称性不到位的只能做到 60 dB 左右，这是完成该电路设计要注意的问题。

3. 单元电路参数设计

1）各级电路差模电压放大倍数的确定

根据设计要求，本放大器总的差模电压放大倍数为 100，对各级电压放大倍数的确定习惯上有两种方案，其一是 50×2，其二是 100×1。本设计方案确定为 50×2，即 $A_{ud1} = 50$，$A_{ud2} = 2$。

2）第一级电路及参数选择

（1）集成运放 A_1、A_2 的选择。

对 A_1、A_2 的要求：一是两片参数一致性好，尤其是 K_{CMR} 要大，且相等；二是差模输入阻抗要高，输入失调及温漂要小。由于本实训项目的精密差动放大器性能指标要求并不太高，故 A_1、A_2 均选用通用Ⅲ型集成运放 F741C（或 F007）。其性能指标如表 3-2-1 所示，管脚排列及功能见附录 C.2.2。最好选用同一厂家、同一批号的集成组件，必要时对 A_1、A_2 的 K_{CMR} 进行测量配对。

表 3-2-1　F741C 的性能指标

参数名称	参数符号	测试条件	最小	典型	最大	单位
输入失调电压	U_{IO}	$R_s \leqslant 10 \ k\Omega$		2.0	6.0	mV
输入失调电流	I_{IO}			20	200	nA
输入偏置电流	I_{IB}			80	500	nA
差模输入电阻	R_{Id}		0.3	2.0		MΩ
共模抑制比	K_{CMR}	$R_s \leqslant 10 \ k\Omega$	70	90		dB
差模电压增益	A_{VD}	$R_L \geqslant 2 \ k\Omega$ $U_O = \pm 10 \ V$	86	106		dB
输出电阻	R_{os}			75		Ω
电源电压	U_{cc}, U_{ss}		± 12	± 15		V
功耗	P_c			50	85	mW
转换速率	S_R			0.5	21	V/μs

（2）实际电路图。

第一级放大电路如图 3-2-3 所示。图中，两只电阻 R_5 是输入端外接电阻，以避免运放输入端直接接入信号而造成输入端损坏。R_5 的阻值一般为 $5 \sim 10 \ k\Omega$。用电位器 R_{W4} 代替 R_2，调电位器活动端可达到本级放大倍数。F741C 为负电源调零，一般取 $R_{W1} = R_{W2} = 10 \ k\Omega$。

（3）电路参数。

由 $1 + 2R_1/R_{W4} = 50$，取 $R_1 = 51 \ k\Omega$，则 $R_{W4} = 2.08 \ k\Omega$。

选择 R_{W4} 为 2.2 kΩ 的多圈电位器，并注意两只 $R_1 = 51 \ k\Omega$ 电阻的精密配对，取 $R_7 = R_8 = 10 \ k\Omega$。

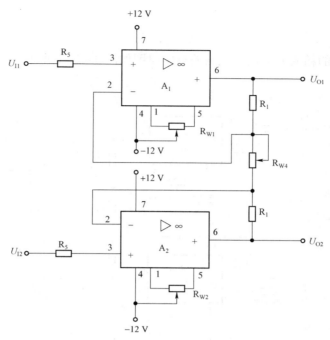

图 3-2-3　第一级放大电路

3）第二级电路及参数选择

第二级电路如图 3-2-4 所示，图中 A_3 选用 F741C，无特殊要求。

由 $R_f/R_3 = 2$，取 $R_3 = 10\ \text{k}\Omega$，则 $R_f = 20\ \text{k}\Omega$，一定要注意两只 R_3、R_f 阻值的严格配对。

4）悬浮直流信号源的设计

本电路要求的输入信号为直流信号，且不能与电路的地线相接（悬浮），当输出电压达到最大值 2 V 时，输入信号只有 20 mV。为了便于调试，要求自行设计一个供调试用的直流信号源。对直流信号源的要求是调节方便、分辨力高，且内阻较小。一个可以在 $0\sim\pm450\ \text{mV}$ 范围内连续调节的悬浮直流信号源电路如图 3-2-5 所示。图中，利用总电路的 ±12 V 直流电源经 R_1'、R_2' 降压，R_P' 选用线性多圈电位器，且 $R_P' \leqslant R_1'$，$R_P' \leqslant R_2'$。为保证对称性 $R_1' = R_2'$，并减小内阻，R_1'、R_2' 取值不能太大。R_3' 的导入可进一步使 U_I 的变化缓慢，调节更方便，U_I 的变化范围读者可根据电路参数进行估算。

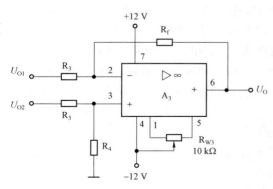

图 3-2-4　第二级电路

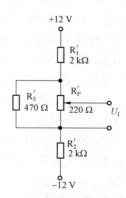

图 3-2-5　调试用的悬浮直流信号源电路

4. 总电路图

以上设计得到的精密差动放大电路的总电路图如图 3-2-6 所示。

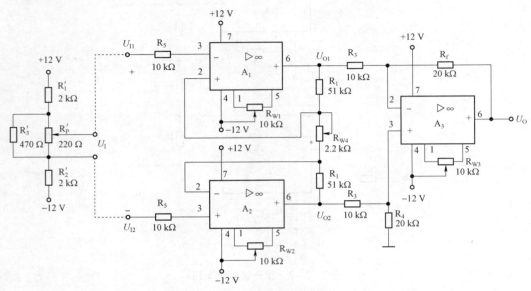

图 3-2-6 精密差动放大电路的总电路图

5. 实验与调试

（1）按图 3-2-6 所示的元器件，精心选择集成运放 A_1、A_2，电阻 R_1、R_3、R_f 应选用误差不超过 1% 的精密电阻，并用万用表 TD9802 再次精选配对。

（2）选择多功能板或面包板，按 F741C 管脚功能合理布局，安装或焊接好样机。对于多功能板，应给运放先焊接 8 芯插座。安装好直流信号源电路，通电后，调 R'_p 并选用万用表直流电压挡测量输出信号 U_I 是否满足要求、是否正负可调、调节是否方便。调好后待用。

（3）调零。由于放大的是直流信号，为了减小各运放的输入失调电压 U_{IO} 对输出的影响，必须通过调零电位器进行调零。调零的另一个作用是调 R_W 看 U_O 是否变化，以此判断电路连接是否正确。对于本电路，调零的步骤是：

① 接通 ±12 V 电源，观察有无异常现象。若正常，连接直流信号源，调 R'_p 使 $U_I = 0.00$ V。

② 由于有 3 只运放，每个运放均有调零端，没有必要逐一调零，可采取系统调零。方法是先选择对 A_1 或 A_2 之一调零，将万用表置直流电压挡，并接 A_3 的 6 脚到地，如先调 R_{W1}，看 U_O 是否变化，若 U_O 不变或 U_O 为正电源或负电源，说明电路连接有误，逐一检查各运放的 2 脚与 3 脚电位，因各级运放均工作在闭环，应满足虚短路的特性，若测得某一运放 2 脚、3 脚之间电压相差较大，说明该级电路连线有误。逐一排错后，万用表仍接输出，调 R_{W1} 使 $|U_O|$ 逐渐减小，万用表的直流电压挡逐步转到最低挡，调 R_{W1}，直到 $U_O = 0$。若调 R_{W1} 使 $|U_O|$ 减小，但不能为零，说明单调 R_{W1} 还不能保证零输入时零输出，则在此基础上再调 R_{W2}，若仍不能使 $U_O = 0$，最后调 R_{W3}。一般情况下，调其中一级就可达到调零目的。值得提醒的是，主电路中调零电位器既已接上，就不能在调零完成后再将其拔除，而且 R_W 活动端的位置

不能再改变。

（4）差模性能测试。

① 差模电压放大倍数的测试。

调 R'_p 使 $U_I = 0.00$ mV，看 U_O 是否为 0.000 V，若有偏差，适当调 R_W，使 $U_O = 0.000$ V。首先确定 A_{U1}。调 R'_p，使 $U_I = 10.00$ mV，万用表直流电压挡接 A_3 的 6 脚，调 R_p 使 $U_O = 1.000$ V，因 A_{U2} 已由 R_f、R_3 的比值确定为 2，故 A_{U1} 基本调定为 50。再分别调 R'_p 使 U_I 分别为 ± 5.00 mV，± 10.00 mV，± 15.00 mV，± 19.99 mV，分别测得 $U_{O1} - U_{O2}$、U_O 的电压值，填入表 3–2–2 中。

表 3–2–2 差模放大性能测试表

U_I/mV	$(U_{O1} - U_{O2})$ /mV	$A_{U1} = \left(\dfrac{U_{O1} - U_{O2}}{U_I} \right)$	U_O/mV	$A_{U2} = \dfrac{U_O}{U_{O1} - U_{O2}}$	$A_U = \dfrac{U_O}{U_I}$
0.00					
5.00					
10.00					
15.00					
19.99					
-5.00					
-10.00					
-15.00					
-19.99					

根据表 3–2–2 所测数据，首先确认在 $0 \sim \pm 20$ mV 信号范围内，电压放大倍数的线性度及最大误差是否在设计要求范围内，如果达不到要求，再分析 A_{U1} 和 A_{U2}，找出产生误差的原因。

② 差模输入电阻的测试。

输入 $U_I = 20$ mV，用数字万用表分别测量 U_{I1} 和 A_1 的 3 脚电压 U'_{I1}，则 $R_{Id} = 2$ $(U_{I1} - U'_{I1}/R_5)$。此项测量难度较大，主要原因是 R_5 上压降太小，如分辨不出，可将 R_5 换为阻值为 100 kΩ 的电阻。本电路的输入电阻应该为几十 MΩ。

（5）共模抑制比的测试。

将差动电路两输入端短接，并通过函数信号发生器相对于地输入 50 Hz 的正弦信号，用示波器监视波形是否正常。交流毫伏表测得 $U_I = 5$ V，再测得 U_O 值，则：

$$K_{CMR} = \frac{A_{ud}}{A_{uc}} = \frac{100 U_I}{U_O} = \frac{100 \times 5 \text{V}}{U_O}$$

再计算 $20 \lg K_{CMR}$，看是否符合设计要求。

（6）时漂的测试。

令 $U_I = 0.00$ mV，调整电路使 $U_O = 0.00$ mV，记录此时环境温度，连续通电 24 h，观察 U_O 的变化范围。

6. 元器件清单

本实训项目所用元器件清单如表 3-2-3 所示。

表 3-2-3 元器件清单

序号	名称	符号	规格型号	数量
1	精密电阻	R_1	0.125 W/51 kΩ	2
2	精密电阻	R_3	0.125 W/10 kΩ	2
3	精密电阻	R_f	0.125 W/20 kΩ	2
4	电阻	R_5	0.125 W/10 kΩ	2
5	电阻	R_1'、R_2'	0.25 W/2 kΩ	2
6	电阻	R_3'	470 Ω	1
7	线性多圈电位器	R_P	2.2 kΩ	1
8	线性多圈电位器	R_P'	220 Ω	1
9	电位器	R_{W1}、R_{W2}、R_{W3}	10 kΩ	3
10	集成运算放大器	A_1、A_2、A_3	F741C（A_1、A_2 精选）	3

7. 设计任务

① 详细分析本课题的设计要求，若电压放大倍数的精度要求再提高一个数量级，集成运放 F741C 难以达到技术要求，运放必须选用高精度的集成运放，如 OP07C，试查阅 OP07C 的规范参数，并与 F741C 性能进行比较，找出它们使用中的异同点，画出总电路图。

② 写出调试步骤，并按图 3-2-6 组装电路，完成表 3-2-2 要求的测试项目，以及对 K_{CMR} 的测试，并根据测试结果分析该电路的优缺点。

③ 写出收获和体会。

8. 思考题

（1）本放大电路在使用前为什么要调零？在调零过程中出现下述情况，试分别说明原因及解决办法：

① 调 R_W，U_O 始终为零；

② U_O 为正电源或负电源，调 R_W，可以正变负或负变正，但不能停留在零；

③ 调 R_W，U_O 可以向零值靠拢，但始终不能为零；

（2）若调试过程中 K_{CMR} 达不到设计要求，应采取哪些措施？

实训 3.3　多种波形发生器的设计与制作

　　方波、三角波、脉冲波、锯齿波等非正弦电振荡信号是仪器仪表、电子测量中最常用的波形，产生这些波形的方法较多。本实训项目要求设计的多种波形发生器是一种环形的波形发生器，使方波、三角波、脉冲波、锯齿波互相转换。电路中用到模拟电路中的积分电路、过零比较器、直流电平移位电路和锯齿波发生器等典型电路。通过对本项目的设计与制作，可进一步熟悉集成运算放大器的应用及电路的调试方法，提高对电子技术的开发应用能力。

1. 设计内容和要求

1）设计内容

　　设计并制作一个环形的多种波形发生器，能同时产生方波、三角波、脉冲波和锯齿波，它们的时序关系及幅值要求如图 3-3-1 所示。

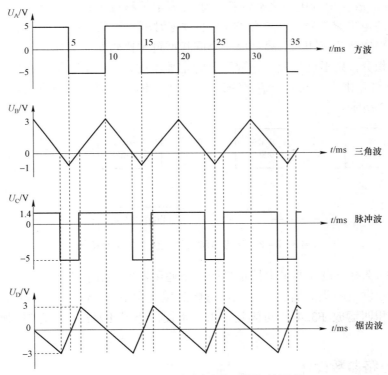

图 3-3-1　波形的时序关系及幅值要求

2）设计要求

① 4 种波形的周期及时序关系满足图 3-3-1 的要求，周期误差不超过 ±1%。

② 4 种波形的幅值要求如图 3-3-1 所示，幅值误差不超过 ±10%。

③ 只允许采用通用器件，如集成运放。

要求完成单元电路的选择及参数设计、系统调试方案的选取及综合调试。

2. 设计方案的选择

由给定的四种波形的时序关系看：方波决定三角波，三角波决定脉冲波，脉冲波决定锯齿波，而锯齿波又决定方波，属于环形多种波形发生器，其原理框图如图3-3-2所示。

图3-3-2　环形多种波形发生器的原理框图

仔细研究时序图可以看出，方波的电平突变发生在锯齿波过零时刻，当锯齿波的正程过零时，方波由高电平跳变为低电平，故方波发生电路可由锯齿波经一个反相型过零比较器来实现。三角波可由方波通过积分电路来实现，选用一个积分电路来完成。图中的 U_B 电平显然上移了 +1 V，故在积分电路之后应接一个直流电平移位电路，才能获得符合要求的 U_B 波形。脉冲波的电平突变发生在三角波 U_B 的过零时刻，三角波由高电平下降至零电位时，脉冲波由高电平实跳为低电平，故可用一个同相型过零比较器来实现。锯齿波波形是脉冲波波形对时间的积分，只不过正程和逆程积分时常数不同，可利用二极管作为开关，组成一个锯齿波发生电路。由上，可进一步将图3-3-2具体化，环形多种波形发生器的实际框图如图3-3-3所示。

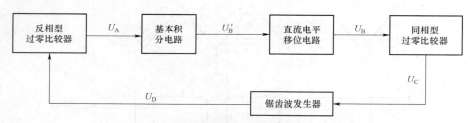

图3-3-3　环形多种波形发生器的实际框图

关于器件的选择，设计要求中规定只能选用通用器件，由于波形均有正、负电平，应选择由正、负电源供电的集成运放来完成，考虑到重复频率为 100 Hz（10 ms），通用型运放 F741（F007）和四运放 F324 均可满足要求。本设计选用 F741，其管脚排列及功能见附录 C.2。

3. 单元电路参数设计

1）方波产生电路——反相型过零比较器

方波产生电路如图3-3-4所示。图中，A_1 工作于开环，R_1 为运放输入端保护电阻，取 $R_1 = 10$ kΩ，R_2 为稳压二极管的限流电阻，取值一般为 1~3 kΩ，本实训取 $R_2 = 1$ kΩ。

因 U_A 幅值为 ±5 V，故输出端接两只稳压二极管，使输出高、低电平在 ±5 V 左右，我们选用 2CW53 稳压二极管（$U_Z = 4.0 \sim 5.8$ V）两只。必要时，可通过晶体管图示仪进行挑选，以满足幅值要求。

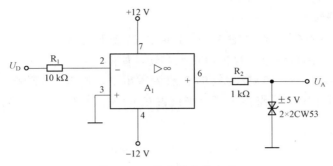

图 3 – 3 – 4　方波产生电路

2）三角波产生电路——基本积分电路

三角波产生电路如图 3 – 3 – 5 所示，图中与 C_1 并联的 1 MΩ 电阻主要是为了减小积分漂移，取值应远大于 R_3。

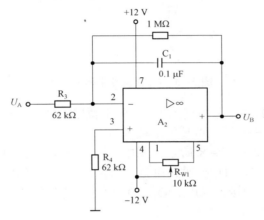

图 3 – 3 – 5　三角波产生电路

由波形图知，当 U_A 为高电平 5 V 时，经过积分电路，在半个周期（$T/2$）5 ms 内 $|U'_B|$ 应下降 4 V，故由积分电路知：$\dfrac{1}{R_3 C_1} \times U_A \times \dfrac{T}{2} = U'_{Bm}$　即

$$\frac{1}{R_3 C_1} \times 5 \times 0.005 = 4（\text{V}）$$

得　　　　　　　　　　　$R_3 C_1 = 6.25 \times 10^{-3}（\text{s}）$

取 $C_1 = 0.1$ μF，则 $R_3 = 62\,500\,Ω$；取 $R_3 = 62\,kΩ$，则 $R_4 = R_3 = 62\,kΩ$。

U'_B 的波形如图 3 – 3 – 6 所示。

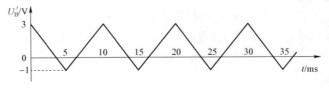

图 3 – 3 – 6　U'_B 的波形

3）直流电平移位电路

将图 3－3－6 中的 U_B' 波形与图 3－3－1 中的 U_B 波形比较，为了得到 U_B 的波形，必须将 U_B' 波形上移 3 V，由直流电平移位电路来实现，如图 3－3－7 所示。

若取 $R_5 = 10\ k\Omega$、$R_{P1} = 10\ k\Omega$，A_3 的 3 脚为零电平，调 R_{P1} 活动端使 R_{P1} 减小，电平上升。由于 C_2 的隔直作用，只需将 3 脚电平设置在 +1 V，与 U_B' 叠加。A_3 为电压跟随器，U_B 与 3 脚波形相同。

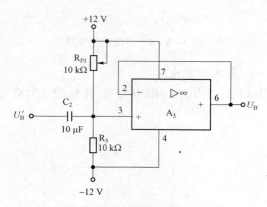

图 3－3－7　直流电平移位电路

由上，取 $R_5 = 10\ k\Omega$，R_{P1} 是阻值为 $10\ k\Omega$ 的电位器，$C_2 = 10\ \mu F$。

4）脉冲波产生电路——同相型过零比较器

脉冲波产生电路如图 3－3－8 所示。图中，取 $R_6 = 10\ k\Omega$，$R_7 = 1\ k\Omega$，当 $U_B > 0$ V，A_4 的 6 脚输出高电平，D_1、D_2 导通并钳位，若两只硅二极管串取，可得 $U_C = 1.4$ V。若 $U_B < 0$，6 脚输出低电平，接近 $-V_{cc}$，D_1、D_2 截止，稳压管稳压为 -5 V。取稳压管为 2 只 2CW53、二极管为 2CP10。

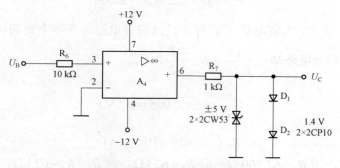

图 3－3－8　脉冲波产生电路

5）锯齿波产生电路——积分电路

由上所述，由于 U_D 的正程和逆程斜率不同，即积分电路充、放电时常数不等。故对 U_C 为高、低不同电平时采用二极管隔离输入回路，锯齿波产生电路如图 3－3－9 所示。

（1）工作原理。

工作原理如下：

当 $U_C = 1.4$ V 时，D_3 导通，D_4 截止，忽略二极管导通时的动态电阻，积分时常数为

$\tau = R_8 C_3$，形成锯齿波的逆程。

当 $U_C = -5$ V 时，D_3 截止，D_4 导通。积分常数 $\tau' \approx R_9 C_3$，形成锯齿波的逆程。

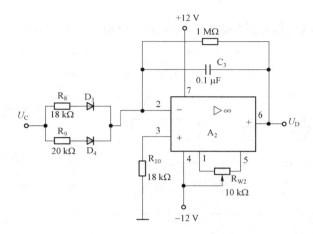

图 3-3-9　锯齿波产生电路

（2）电路参数计算。

首先要算出脉冲波高电平和低电平的时间轴，由图 3-3-1 知，U_B 由 3 V 下降至 0 V 的时间为 U_C 高电平的半个周期。这时锯齿波 U_D 由 0 V 积分到 -3 V，若此时的时间为 t_1，由相似三角形知识可以算得 $t_1 = 3.75$ ms，同样可以算得 U_C 由低电平变为高电平的时间 t_2 为 6.25 ms，U_C 再次变为低电平的时间为 13.75 ms，其时序图如图 3-3-10 所示。

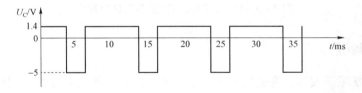

图 3-3-10　U_C 时序图

取 $C_3 = 0.1$ μF，则锯齿波正程：$\dfrac{1}{R_9 C_3} |U_C| (6.25 - 3.75) \times 10^{-3} = 6$（V）

即

$$\frac{1}{R_9 \times 0.1 \times 10^{-6}} \times 5 \times 2.5 \times 10^{-3} = 6$$

得　　　　　　　　　　$R_9 = 20.83 \times 10^3$（Ω），故取 $R_9 = 20$ kΩ。

锯齿波逆程：$\dfrac{1}{R_8 C_3} \times U_C (13.75 - 6.25) \times 10^{-3} = 6$

即

$$\frac{1}{R_8 \times 0.1 \times 10^{-6}} \times 1.4 \times 7.5 \times 10^{-3} = 6$$

得 $R_8 = 17.5 \times 10^3$ Ω，故取 $R_8 = 18$ kΩ。

由于同时只有一个电阻导通，故 $R_{10} = 18$ kΩ（或 20 kΩ），为了减小二极管死区电压，

D_3、D_4 直流压降要小，故 D_3、D_4 选锗二极管 2AP10。

4. 总电路图

将各单元电路串联，得到多种波形发生器的总电路图，如图 3-3-11 所示。

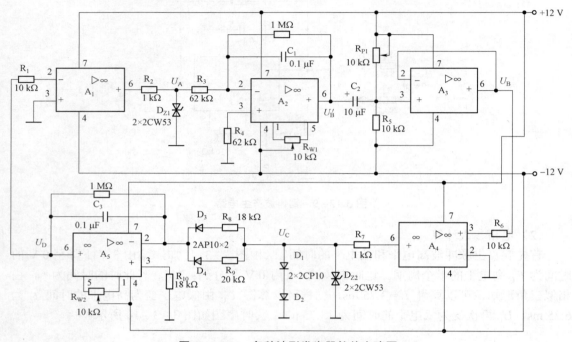

图 3-3-11　多种波形发生器的总电路图

5. 实验与调试

本系统可采取逐级安装、调试的方法，待各级调试均正常后，再接成闭环形式。原则上，从哪一级开始安排调试均可，但开环时必须由函数信号发生器外加激励信号。研究这 4 种波形，只有选用 U_A 作为外加信号，先从三角波产生电路开始最为方便。为了满足各种波形的时序、周期、幅值要求，每一级调试的工作量均较大。

1）三角波产生电路的安装与调试

① 按如图 3-3-5 所示的电路及参数进行安装，无误后接通 ±12 V 直流电源，首先对该电路调零，方法是将 U_A 端接地，万用表直流电压接 A_2 的 6 脚到地，调 R_{W1} 活动端，看 U_B' 是否变化。若 U_B' 幅值较大，或始终为零或某一固定值，应检查电路连接是否正确，同相与反相输入端是否接反等。由于 1 MΩ 电阻的并接，静态时 A_2 工作在闭环（负反馈）状态，2、3 脚电位差应该很小，可通过测量来检查。若电路正常，调 R_{W1} 活动端，使 U_O 的绝对值逐步减小，同时更换万用表电压挡，直至最低挡时，$U_B'=0$，调零完成。

② 拆除 U_A 端口的短路线，接入函数信号发生器，输入周期为 10 ms、幅值为 ±5 V 的方波信号，用示波器严格测量并监视。用示波器另一输入端观察积分电路输出信号，

若打到 AC 输入方式，应看到周期为 10 ms、幅值为 ±2 V 的三角波。若幅值大于或小于 ±2 V，说明设定的时常数实际值与理论值不符，应改变 R_3 的阻值或 C_1 的电容值，一般采取改变电阻的方式比较方便。若幅值低于 2 V，应减小 R_3，反之，应加大 R_3，直至达到设计要求为止。

2）直流电平移位电路的安装与调试

按图 3-3-7 安装好直流电平移位电路，接通 A_2、A_3 电路电源，用示波器观察 U'_B 输出波形，波形正常后通过 C_2 接入 A_3 同相输入端，将示波器输入方式改为 DC，观察 A_3 的 6 脚输出波形 U_B，调电位器 R_{P1} 的活动端，可以看到 U_B 波形电平上移，直至达到 +3 V、−1 V 为止。

3）脉冲波产生电路的安装与调试

按图 3-3-8 安装好脉冲波产生电路，无误后通电，输入 U_B 波形，用示波器观察 U_C 端，一般周期不会有明显变化，但幅值肯定存在误差，如正幅值不可能为 +1.4 V，但只要 D_1、D_2 为硅二极管，误差不应太大。负电平取决于 D_{Z2} 的稳压值。若误差过大，超出设计要求（−5.5~4.5 V），应更换稳压二极管，直至达到设计要求。

4）锯齿波产生电路的安装与调试

按图 3-3-9 安装好电路，无误后接通电源并对 A_5 进行调零。输入端应短路 A_5 的 2 脚而不是 U_C 端，否则输入端实际上是开路。调零后接入 U_C 波形，并确认 U'_B、U_B、U_C 波形没有变化，示波器接 U_D 端，仔细观察锯齿波波形，若时序与图 3-3-1 的 U_D 波形有差异，应精心调整 R_8、R_9，直至达到对 U_D 的规范要求。

5）方波产生电路的安装与调试

按图 3-3-4 安装好过零比较器，接通电源后接入 U_D 波形，用示波器观测 U_A 波形，并检查方波的周期和幅值，若幅值与 ±5 V 相差较大，应更换 D_{Z1}。

6）闭环

将 A_1 的输出 U_A 端接 A_2 的输入端，完成环形多种波形发生器的最后连接。切除由函数信号发生器提供的激励信号，各级应运转输出正常。用示波器逐级测量各波形的周期、幅值并记录，分析是否达到设计要求。

本电路的缺点是重新启动不可靠，往往需要用一个方波信号源从 U_A 端激励一下。但通过本实训项目的设计、安装和调试，对集成运算放大器的典型应用电路的了解和调试技能的提高有较大的帮助。

6. 元器件清单

元器件清单如表 3-3-1 所示。

表 3-3-1　元器件清单

序号	名称	符号	规格型号	数量
1	电阻	R_2、R_7	0.125 W/1 kΩ	2
2	电阻	R_1、R_5、R_6	0.125 W/10 kΩ	3
3	电阻	R_8、R_{10}	0.125 W/18 kΩ	2
4	电阻	R_9	0.125 W/20 kΩ	1

续表

序号	名称	符号	规格型号	数量
5	电阻	R_3、R_4	0.125 W/62 kΩ	2
6	电阻		0.125 W/1 MΩ	2
7	电容	C_1、C_3	0.1 uF	2
8	电容	C_2	CA 10 uF 16 V	1
9	电位器	R_{W1}、R_{W2}、R_{P1}	10 kΩ	3
10	硅二极管	D_1、D_2	2CP10	2
11	锗二极管	D_3、D_4	2AP10	2
12	稳压二极管	D_{Z1}、D_{Z2}	2CW53	4
13	集成运算放大器	$A_1 \sim A_5$	F741（或 F007）	5

7. 设计任务

① 分析本实训项目的设计内容，并对设计方案进行评价，画出设计方案的方框图。

② 对各单元电路再进行一次理论设计，包括元器件的选择、电路参数的设计等。

③ 画出总电路图，并说明电路及系统的工作原理。

④ 设计调试方案，选择测量仪器，列出调试步骤。

⑤ 对如图 3-3-11 所示的电路进行安装与调试，列出实验数据，写出工作情况，分析是否达到设计要求。

⑥ 总结设计电路的特点及方案的优缺点，提出改进的意见。

⑦ 通过设计报告总结收获和体会。

8. 思考题

① 若将如图 3-3-2 所示的框图变成开环，即锯齿波输出不控制方波的产生，是否也能实现图 3-3-1 中的 4 种波形及时序关系？如果可行，则单元电路如何改动？请比较这两种设计方案的优缺点。

② 如何保证三角波、锯齿波的规定幅值要求？若达不到要求（幅值过大或过小），应采取何种措施？

实训 3.4　闪光灯逻辑控制电路的设计与制作

闪光灯逻辑控制电路是电子游戏、广告制作、舞台演出中最常用的逻辑控制电路。和前三个实训项目不同的是，本电路采用纯数字电路、器件来实现。数字电路能用的器件有通用的中小规模集成电路和专用的数字集成电路两种，器件的选择余地更大，设计方案较多。数字电路的设计思路与模拟电路有根本的差别，而且只要电路逻辑设计正确，调试的工作量就相对较小。希望通过本实训项目的设计与制作，使初学者能熟悉数字电路的一般设计方法。

1. 设计内容和要求

设计并制作一个闪光灯控制逻辑电路，设计要求如下：

① 红（R）、黄（A）、绿（G）三种颜色的闪光灯在时钟信号作用下按表 3-4-1 规定的逻辑顺序转换，表中"1"表示灯亮，"0"表示灯灭；

② 要求电路能自启动；

③ 状态转换时间间隔为 0.5 s，设计并制作一个 CP 脉冲源。

表 3-4-1　闪光灯转换顺序表

CP 顺序	R	A	G
0	0	0	0
1	1	0	0
2	0	1	0
3	0	0	1
4	1	1	1
5	0	0	1
6	0	1	0
7	1	0	0
8	0	0	0

2. 设计方案的选择

1）逻辑分析

三个闪光灯 R、A、G 作为三个输出变量，灯亮为"1"，灯灭为"0"，在时钟 CP 的作用下，共 8 个状态，其状态转换图如图 3-4-1 所示。

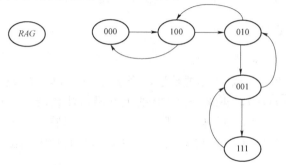

图 3-4-1　闪光灯状态转换图

由图 3－4－1 可知，本电路可以自启动。

设计思路：用一个八进制计数器，再设计一个状态转换电路，将计数器的 8 个输出状态依次转化为灯光控制电路的规定状态，状态转换的真值表如表 3－4－2 所示。

表 3－4－2　状态转换真值表

输　入　变　量			输　出　变　量		
Q_2	Q_1	Q_0	R	A	G
0	0	0	0	0	0
0	0	1	1	0	0
0	1	0	0	1	0
0	1	1	0	0	1
1	0	0	1	1	1
1	0	1	0	0	1
1	1	0	0	1	0
1	1	1	1	0	0
0	0	0	0	0	0

由真值表可得输出变量的函数表达式为：

$$R = \bar{Q}_2\bar{Q}_1Q_0 + Q_2\bar{Q}_1\bar{Q}_0 + Q_2Q_1Q_0$$
$$A = \bar{Q}_1Q_2\bar{Q}_0 + Q_2\bar{Q}_1\bar{Q}_0 + Q_2Q_1\bar{Q}_0 \qquad (3-4-1)$$
$$G = \bar{Q}_2Q_1Q_0 + Q_2\bar{Q}_1\bar{Q}_0 + Q_2\bar{Q}_1Q_0$$

2）设计方案的比较与选择

由以上分析知，本设计方案是先设计一个八进制同步加法计数器，为闪光灯逻辑控制电路提供输入变量；再设计一个状态转换电路，保证闪光灯按规定顺序工作。八进制计数器可以选用三片小规模集成触发器，如 D 触发器、JK 触发器等；也可以采用中规模集成计数器，如 74LS160、74LS161 等，转换电路的设计方案更多；还可采用门电路、数据选择器和 3－8 线译码器，甚至用只读存储器 ROM 来实现。不同的器件对逻辑函数的处理方式不同。本实训首先确定八进制同步加法计数器由十进制同步加法计数器 74LS160 来实现，只是转换电路选用不同的器件，下面介绍三种设计方案供选择比较。

3. 单元电路的设计

1）八进制同步加法计数器的设计

电路如图 3－4－2 所示，采用预置数法，令 D_0、D_1、D_2、D_3 均为零，当计数器输出端 $Q_3Q_2Q_1Q_0 = 0111$ 时，$\overline{LD} = 0$，再来一个 CP 的上升沿，计数器状态变为 0000，实现八进制计数，其电路状态转换图如图 3－4－3 所示。从图中可以看出，电路可以实现自启动。G_1 为 3 输入与非门，选用 3－3 输入与非门 74LS10，只用其中一组。74LS160 的功能表如表 3－4－3 所示。

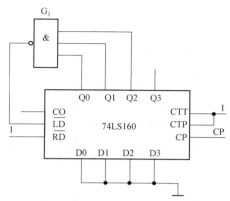

图 3 - 4 - 2　用 74LS160 接成八进制同步加法计数器

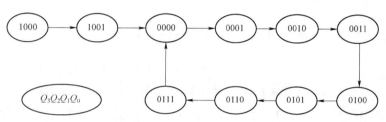

图 3 - 4 - 3　电路状态转换图

表 3 - 4 - 3　74LS160 的功能表

CP	$\overline{RD}$	$\overline{LD}$	EP	ET	工作状态
×	0	×	×	×	置零
⌐	1	0	×	×	预置数
⌐	1	1	0	1	保持
⌐	1	1	×	0	保持（但 $C=0$）
⌐	1	1	1	1	计数

2）转换电路的设计

（1）**设计方案 1**：转换电路选用小规模集成电路（SSI）。

式（3 - 4 - 1）经化简变换成与非 - 与非形式得：

$$R = \overline{\overline{Q}_2\overline{Q}_1Q_0 + Q_2\overline{Q}_1\overline{Q}_0 + Q_2Q_1Q_0} = \overline{\overline{\overline{Q}_2\overline{Q}_1Q_0} \cdot \overline{Q_2\overline{Q}_1\overline{Q}_0} \cdot \overline{Q_2Q_1Q_0}}$$

$$A = \overline{Q_1\overline{Q}_0 + Q_2\overline{Q}_0} = \overline{\overline{Q_1\overline{Q}_0} \cdot \overline{Q_2\overline{Q}_0}}$$

$$G = \overline{Q_2\overline{Q}_1 + \overline{Q}_2Q_1Q_0} = \overline{\overline{Q_2\overline{Q}_1} \cdot \overline{\overline{Q}_2Q_1Q_0}}$$

画出状态转换电路的逻辑图，如图 3 - 4 - 4 所示。由图可知，该方案使用的与非门太多，除非片源只有与非门时才使用该方案。

（2）**设计方案 2**：转换电路选用双 4 选 1 数据选择器 74LS153。

数据选择器 74LS153 片内由两个 4 选 1 数据选择器组成，以 A_1、A_0 作为地址代码，A_1、A_0 的 4 种状态可选择 4 个数据中的一个。使能端 $\overline{S_1}$、$\overline{S_2}$ 控制电路的工作状态，输出逻辑式为：

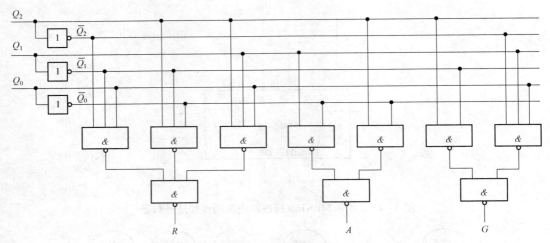

图 3-4-4　方案 1 状态转换电路的逻辑图

$$Y_1 = [D_{10}(\overline{A_1}\,\overline{A_0}) + D_{11}(\overline{A_1}A_0) + D_{12}(A_1\,\overline{A_0}) + D_{13}(A_1A_0)]S_1$$

$$Y_2 = [D_{20}(\overline{A_0}\,\overline{A_1}) + D_{21}(\overline{A_1}A_0) + D_{22}(A_1\,\overline{A_1}) + D_{23}(A_1A_0)]S_2$$

由上，令 A_1 为 Q_1，A_0 为 Q_0，$Y_1 = R$，$Y_2 = A$，G 端用另 1 片的 Y_1。令 74LS153（1）的 $D_{10} = Q_2$、$D_{11} = \overline{Q_2}$、$D_{12} = 0$、$D_{13} = Q_2$、$D_{20} = Q_2$、$D_{21} = D_{23} = 0$、$D_{22} = 1$，74LS153（2）的 $D_{10} = D_{11} = Q_2$、$D_{12} = 0$、$D_{13} = \overline{Q_2}$，则逻辑表达式为：

$$R = Q_2(\overline{Q_0}\,\overline{Q_1}) + \overline{Q_2}(\overline{Q_1}Q_0) + 0 \cdot (Q_1\,\overline{Q_0}) + Q_2(Q_1Q_0)$$

$$A = Q_2(\overline{Q_1}\,\overline{Q_0}) + 0 \cdot (\overline{Q_1}Q_0) + 1 \cdot (Q_1\,\overline{Q_0}) + 0 \cdot (Q_1Q_0) \qquad (3-4-2)$$

$$G = Q_2(\overline{Q_1}\,\overline{Q_0}) + Q_2(\overline{Q_2}Q_0) + 0 \cdot (Q_1\,\overline{Q_0}) + \overline{Q_2}(Q_1Q_0)$$

式（3-4-2）中，0—接地，1—接 +5 V。画出状态转换电路的逻辑图，如图 3-4-5 所示。

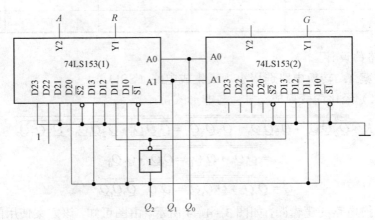

图 3-4-5　方案 2 状态转换电路的逻辑图

74LS153 的管脚图见附录 C.3。

可以看出，由于采用了中规模集成电路，电路结构及连线比方案 1 要简单得多。

（3）**设计方案 3**：状态转换电路采用 3－8 线译码器 74LS138 来完成。

74LS138 有 3 个输入端，正好对应红、黄、绿三种颜色的灯，输出有 8 个端口，将三个输入变量的全部最小项译码输出，可根据式（3－4－1）的逻辑关系进行适当组合。由式（3－4－1）得：

$$R = \overline{Q}_2\overline{Q}_1Q_0 + Q_2\overline{Q}_1\overline{Q}_0 + Q_2Q_1Q_0 = \overline{\overline{m_1 + m_4 + m_7}} = \overline{\overline{m}_1 \cdot \overline{m}_4 \cdot \overline{m}_7}$$

$$A = \overline{Q}_2Q_1Q_0 + Q_2\overline{Q}_1Q_2 + Q_2Q_1\overline{Q}_0 = \overline{\overline{m_2 + m_4 + m_6}} = \overline{\overline{m}_2 \cdot \overline{m}_4 \cdot \overline{m}_6}$$

$$G = \overline{Q}_2Q_1Q_0 + Q_2\overline{Q}_1\overline{Q}_0 + Q_2\overline{Q}_1Q_0 = \overline{\overline{m_3 + m_4 + m_5}} = \overline{\overline{m}_3 \cdot \overline{m}_4 \cdot \overline{m}_5}$$

其状态转换电路逻辑图如图 3－4－6 所示。

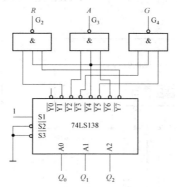

图 3－4－6　方案 3 状态转换电路的逻辑图

由图知，此方案比方案 1 要简单得多，与方案 2 相比各有特点，但接线比方案 2 相对简单，且少用一个集成块。

3）时钟电路的设计

对时钟电路的要求是周期为 0.5 s，脉冲幅值 3 V≤U_m≤5 V，前沿要陡直，且稳定性要好。实现上述要求的电路形式很多，如用两个集成反向器构成对称式或非对称式多谐振荡器，或用一个施密特反相器、一个电阻、一个电容可构成多谐振荡器，也可用 555 定时器组成多谐振荡器，后者结构简单、调整方便。

本实训选用 555 定时器构成多谐振荡器作为时钟电路，如图 3－4－7 所示。

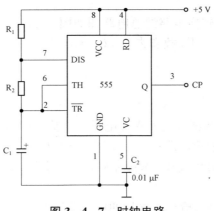

图 3－4－7　时钟电路

由 $T = (R_1 + 2R_2)C_1 \ln 2 = 0.5$ s 知：

$$R_1 + 2R_2 = \frac{0.5}{0.69 \times C_1}$$

取 $C_1 = 10$ μF，则 $R_1 + 2R_2 = \frac{0.5}{0.69} \times 10^5 = 72.5$（kΩ）

取 $R_1 = 12$ kΩ，$R_2 = 30$ kΩ。调整 R_2，使周期为 0.5 s，频率为 2 Hz，C_2 取 0.01 μF。

4. 总电路图

选用数据选择器 74LS153 的总电路图如图 3-4-8 所示。

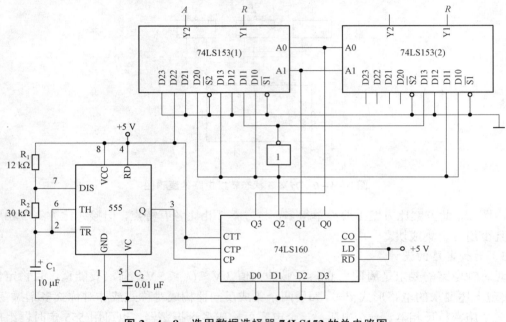

图 3-4-8 选用数据选择器 74LS153 的总电路图

图中，因 74LS160 的 Q0 不接，本身即为八进制计数器，故图 3-4-2 中 G_1 实际无用，可省去。

采用 74LS138 作为状态转换电路的总电路图如图 3-4-9 所示。

图中，74LS160 的 Q0 端不用，故省去 G_1，G_2、G_3、G_4 选用 1 片 3-3 输入与非门 74LS10，其管脚功能图参见附录 C.3。

5. 实验与调试

数字电子电路的安装与调试方式和模拟电子电路基本相同，可以一次安装、逐级调试，也可以逐级安装、调试。与模拟电路相比，调试工作量较小，只要逻辑关系正确，一般结果不会出现大的问题，但由于引线较多，故障率较高，在安装、调试时应合理布线，便于检查。

1）时钟电路的安装与调试

按图 3-4-7 安装好电路，检查无误后通电，示波器接 555 定时器的 3 脚，测量是否有脉冲波输出。若没有，应检查电路连接是否有误，直至波形正常输出；测幅值是否≥3 V；

通过调整 R_1 或 R_2 来调周期，使之最终达到 0.5 s 为止。

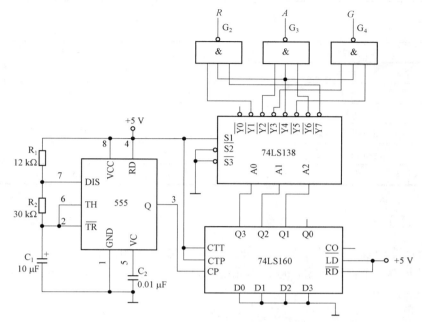

图 3-4-9 采用 74LS138 作为状态转换电路的总电路图

2) 八进制计数器的安装与调试

按图 3-4-8 或图 3-4-9 安装八进制计数器，接通 +5 V 电源，并从 CP 端输入时钟电路的输出时钟脉冲，分别用示波器观察 Q0、Q1、Q2 端的波形，应如图 3-4-10 所示。

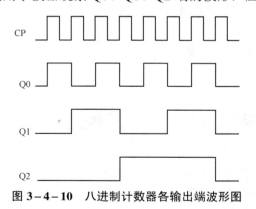

图 3-4-10 八进制计数器各输出端波形图

3) 状态转换电路的安装与调试

按图 3-4-8 或图 3-4-9 中状态转换电路部分组装电路，检查无误后通电，并在 R、A、G 端分别接上红、黄、绿发光二极管。通电后观察闪光灯的转换顺序是否满足表 3-4-1 的要求。

6. 元器件清单

按图 3-4-9 列出元器件清单，如表 3-4-4 所示。

表 3-4-4 元器件清单

序号	名称	符号	规格型号	数量
1	电阻	R_1	0.125 W/12 kΩ	1
2	电阻	R_2	0.125 W/30 kΩ	1
3	电容	C_1	10 μF/16 V	1
4	电容	C_2	0.01 μF	1
5	计数器		74LS160	1
6	3-8 线译码器		74LS138	1
7	3-3 输入与非门	G_2、G_3、G_4	74LS10	1
8	定时器		555	1

7. 设计任务

① 分析电路的设计内容，说明对于同一个设计项目，如何选择设计方案。

② 选择其中一个设计方案，进行单元电路设计、安装与调试，得到实验数据，并对电路工作情况进行分析。

③ 总结设计电路的优缺点，提出改进意见。

④ 写出收获与体会。

8. 思考题

① 为什么说图 3-4-2 中与非门 G_1 是多余的？

② 图 3-4-5 中用了两片 4 选 1 数据选择器，能否用 1 片 8 选 1 数据选择器来代替？为什么？

③ 为什么数字电路系统的调试比模拟电路要简单？数字电路的安装与调试应注意哪些问题？

实训 3.5　电子秒表的设计与制作

电子秒表作为典型的数字电路应用产品，其电路组成涉及触发器、单稳态触发电路、时钟发生电路及计数器、译码显示器等数字电路中常用的单元电路。本实训项目通过对一个简易的电子秒表的设计与制作，使学生熟悉这些单元电路的综合应用及一个数字电路小系统的安装与调试方法。

1. 设计内容和要求

用数字集成组件设计、安装与调试 1 只电子秒表，设计要求为：

① 两位数码管显示，计时范围为 0.1～9.9 s，步进为 0.1 s；

② 制成的电子秒表应具有启动、停止与清零等基本功能；

③ 精度要求在 9.9 s 计数时间内时间误差不超过 ±10 ms；

④ 可以用外接直接电源。

需要完成电路选择、参数设计、安装、调试，最终达到设计要求。

2. 设计方案的选择

对电子秒表的设计虽然有多种方案，但主体电路都是对高稳定的时钟信号进行分频、计数、译码与显示，再配以方便的使能按键，如启动、停止和清零等。本实训项目选择的设计方案方框图如图 3 - 5 - 1 所示。

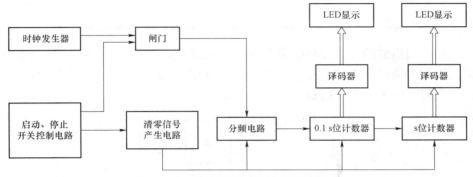

图 3 - 5 - 1　电子秒表设计方案方框图

图中，时钟发生器产生频率较高的脉冲波以提高系统的计时精度，由于设计要求中对精度的要求并不高，可选用普通器件组成一个方波发生器，产生 100 Hz 的脉冲波。100 Hz 的脉冲波经分频电路可获得 10 Hz 的脉冲波，作为 0.1 s 位计时器的时钟源。0.1 s 位设计成一个十进制计数器，其进位输出即为秒脉冲，作为 s 位计数器的时钟。启动开关给闸门电路一个高电平以打开闸门，100 Hz 脉冲源作为分频电路的时钟，若分频电路也是一个十进制计数器，则进位输出即为 10 Hz 的时钟脉冲信号。启动、停止开关控制电路应在启动端产生一个高电平使闸门打开，同时在它的停止端给清零信号产生电路提供一个触发信号，清零信号可使各输出计数器瞬间清零。当停止端输出高电平时，启动端必须为低电平以封锁闸门，使各计数器停止计数并保持。

3. 单元电路的设计

1）启动、停止开关控制电路

设置两个按键开关 K_1、K_2，K_1 作为启动开关，K_2 作为停止开关，且按下为低电平，松开为高电平。对开关控制电路的要求是：当 K_2 按下时，停止端为高电平，清零电路不工作，启动端为低电平，闸门关闭，分频电路不工作；当 K_1 按下时，停止端由高电平变成低电平，使负脉冲触发的清零信号电路产生清零信号，对计数器立即清零，启动端由低电平变为高电平，闸门打开，分频电路工作；再按停止开关 K_2，启动端输出低电平而封锁闸门，停止计数，但停止端由低电平变为高电平，清零电路不工作，无清零信号产生，计数器保持原计数数字。K_1、K_2 两开关不允许同时按下。

由以上分析知，开关控制电路可用一个基本 RS 触发器来实现，启动端为 Q 端，停止端为 $\overline{Q}$ 端，其特性表如表 3 - 5 - 1 所示。

表 3-5-1　启动、停止开关控制电路特性表

$\overline{K_1}$	$\overline{K_2}$	Q^n	Q^{n+1}	
1	1	0	0	
1	1	1	1	
0	1	0	1	
0	1	1	1	
1	0	0	0	
1	0	1	0	
0	0	0	1	状态
0	0	1	1	不定

由两只与非门组成的开关控制电路如图 3-5-2 所示，按下开关 K_1、K_2，R、S 端为低电平 "0"，否则为高电平 "1"。图中，G_1、G_2 可选用 4-2 输入与非门 74LS00，R_1、R_2 为输入端保护电阻，取 $R_1 = R_2 = 3\ \text{k}\Omega$。

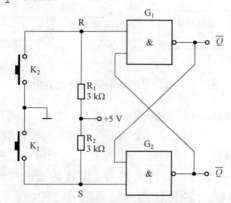

图 3-5-2　由两只与非门组成的开关控制电路

2）清零信号产生电路

对清零信号的要求是：在闸门电路打开的瞬间，各计数器立即清零，要求清零信号为低电平，且脉宽 $t_w \ll T$（T 为时钟源周期，若取时钟源为 100 Hz 方波，则 $T = 10\ \text{ms}$）。

很显然，清零信号产生电路是一个由负脉冲触发且输出暂态仍为低电平的单稳态电路。电路可采用与非门组成的微分型单稳态电路，也可选用由 555 定时器组成的暂稳态触发器，虽然后者也是负脉冲触发，但暂稳态输出为高电平，需要再加一级反相器才能获得低电平清零信号。综上，本实训项目选用由与非门组成的微型单稳态清零信号产生电路，如图 3-5-3 所示。

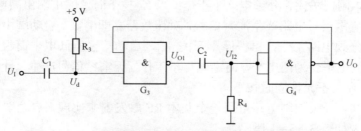

图 3-5-3　由与非门组成的微型单稳态清零信号产生电路

图中，R_3、C_1 组成无源微分电路，由启动、停止开关控制电路 $\overline{Q}$ 端提供控制信号 U_I。稳态时，U_d 为高电平，U_O 亦为高电平，U_{O1}、U_{I2} 均为低电平。当 K_1 按下，$\overline{Q}$ 由高电平变为低电平的瞬间，U_I 有一个下跳，使 U_d 下跳，当 U_d 下跳到 G_3 的阈值电平 U_{TH} 时，将产生一个正反馈，反馈过程如图 3-5-4 所示。正反馈使 U_{O1} 迅速跳变为高电平。由于电容上的电压不能突变，故 U_{I2} 也同时跳至高电平，并使 U_O 变成低电平，这时即使 U_d 回到高电平，U_O 仍维持低电平不变。

$$U_d \downarrow \longrightarrow U_{O1} \uparrow \longrightarrow U_{I2} \uparrow \longrightarrow U_O \downarrow$$

图 3-5-4　正反馈过程之一

与此同时，在 G_3、G_4 之间的 R_4、C_2 组成的微分环节中，C_2 开始放电，U_{I2} 随着放电时间推移而下降，当 U_{I2} 下降到 G_4 的阈值电平 U_{TH} 时，又引起一个正反馈过程，如图 3-5-5 所示。结果使 U_{O1}、U_{I2} 迅速跳变为低电平，并使 U_O 返回高电平的稳态。

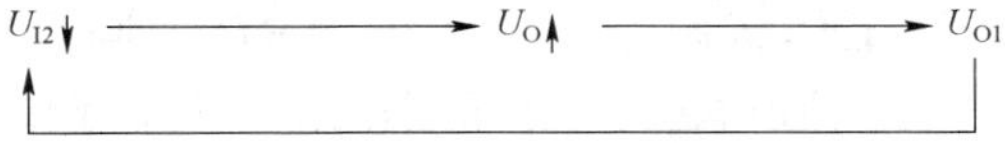

$$U_{I2} \downarrow \longrightarrow U_O \uparrow \longrightarrow U_{O1} \uparrow$$

图 3-5-5　正反馈过程之二

由以上分析知，图 3-5-3 的单稳态电路可满足本实训项目的设计要求，参数选择如下：

根据单稳态电路暂态脉冲宽度 $t_w = R_4 C_2 \ln 2 = 0.69 R_4 C_2$，若取暂态脉冲宽度为 50 μs，$G_3$、$G_4$ 若选用 74LS 系列产品，考虑到 G_4 短路电流在 R_4 的压降，R_4 的阻值不能超过 0.7 kΩ，故取 $R_4 = 620\ \Omega$，则

$$C_2 = \frac{t_w}{0.69 R_4} = \frac{50 \times 10^{-6}}{0.69 \times 620}(\text{F}) = 0.117(\mu\text{F})$$

取 $C_2 = 0.1\ \mu\text{F}$，由 R_3、C_1 组的微分电路应满足 $R_3 C_1 < R_4 C_2$，故取 $R_3 = 10\ \text{k}\Omega$，$C_1 = 510\ \text{pF}$。

3）时钟发生器

时钟发生器的主要任务是产生较高稳定性的 100 Hz 的时钟信号，它实质上是一个方波发生器。方波发生器的电路形式也很多，如用与非门组成的多谐振荡器、用 555 定时器组成的多谐振荡器等。本实训项目的时钟发生器电路选用 555 定时器组成的多谐振荡器，如图 3-5-6 所示。

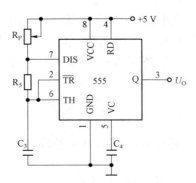

图 3-5-6　由 555 定时器组成的时钟发生器电路

电路参数设计如下：

由 $\dfrac{1}{T} = \dfrac{1}{(R_P + 2R_5)C_3\ln2} = 100\ \text{Hz}$，若取 $C_3 = 0.1\ \mu\text{F}$，则

$$R_P + 2R_5 = \frac{1}{100} \times 0.1 \times 10^{-6} \times 0.69 = 144.3\ (\text{k}\Omega)$$

取 $R_5 = 51\ \text{k}\Omega$，则 R_P 为 $100\ \text{k}\Omega$ 电位器。

取 $C_4 = 0.01\ \mu\text{F}$。

4）计数及分频电路

由方框图可知，100 Hz 时钟源通过闸门先进入分频电路，获得 0.1 s 级的时钟，作为 0.1 s 位计数器的 CP，经计数、0.1 s 位的译码显示，其进位脉冲又作为一个十进制计数器的时钟－秒脉冲，完成 s 位的计数、译码显示。选择十进制同步加法计数器 74LS160 作为分频器和计数器，电路图如 3－5－7 所示。

图中，74LS160 为集成同步十进制计数器，其功能表如表 3－4－3 所示。由功能表知，要使 74LS160 处于计数工作状态，异步置零端 $\overline{\text{RD}}$、同步置数端 $\overline{\text{LD}}$、工作状态控制端 EP、ET 均为高电平。当时钟脉冲上升沿到来时，计数器翻转，当 $Q_3Q_2Q_1Q_0 = 1001$ 时，进位端 $C_0 = 1$，再来一个 CP 上升沿，C_0 由 1 变为 0，且 $Q_3Q_2Q_1Q_0 = 0000$。三片 74LS160 构成串联进位方式，因 74LS160（0）输入 CP 为 100 Hz 脉冲，则 C_0 的频率为 10 Hz，每 0.1 s 通过 G_6 为 74LS160（1）提供一个时钟上升沿，同理，74LS160（1）也接成一个十进制计数形式，每隔 1 s 为 74LS160（2）提供一个时钟上升沿，G_7 的作用同 G_6，因 74LS160 的 $Q_3Q_2Q_1Q_0 = 1001$ 时，C_0 产生一个上升沿，若不加 G_6、G_7，则 74LS160 将提前一个 CP 翻转。

三个计数器的 $\overline{\text{RD}}$ 端均接来自于单稳态电路的清零信号端，当启动开关 K_1 按下一次，单稳态产生一个脉宽为 50 μs 的负脉冲，使各计数器 $\overline{\text{RD}}$ 在 50 μs 时间内为低电平，进而实现计时器清零一次。

5）译码器、LED 显示单元电路

电路如图 3－5－7 上半部分所示。根据 LED 数码管是共阴还是共阳结构，选择相应的 BCD 码输入的四线七段译码/驱动器。图 3－5－7 中，LED 选用七段显示共阳极数码管，故译码器选用低电平有效的七段译码/驱动器 74LS47。图中，四线输入 A3、A2、A1、A0 分别接对应位计数器输出端 Q3、Q2、Q1、Q0，7 个输出端口分别接 LED 的 a、b、c、d、e、f、g 端。秒位数码管的 h 端为小数点控制端，要显示小数点，对共阳结构，h 端应接低电平。为防止数码管各段在点亮时电流过大，长时间运行造成 LED 烧坏，应在译码器各输出端与数码管各输入端串接 1 只电阻（220 Ω～1 kΩ）限流（图中未画出）。

4. 总电路图

根据以上设计，将各单元电路连接，得电子秒表总电路图，如图 3－5－8 所示。

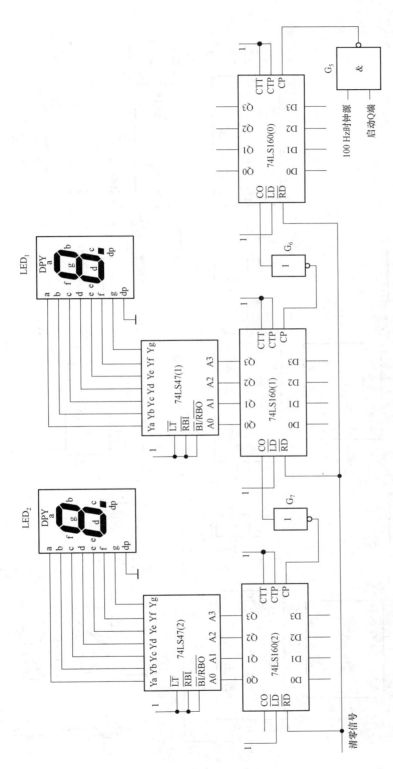

图 3-5-7　分频、计数、译码显示电路

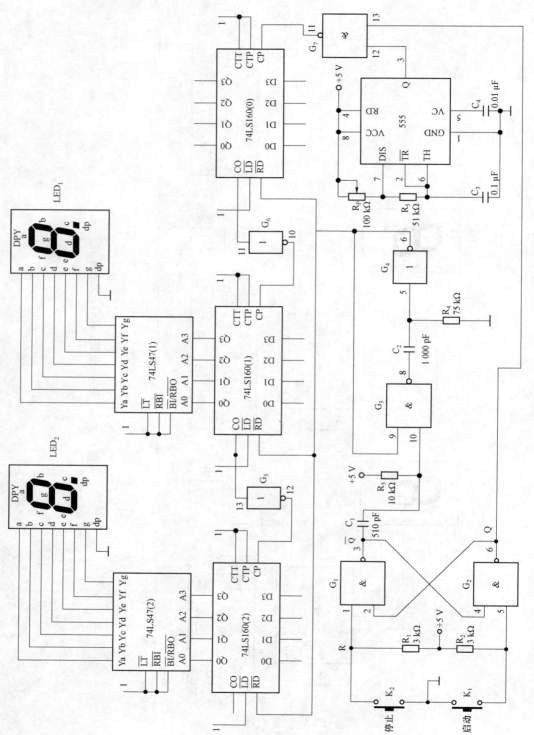

图3-5-8 电子秒表总电路图

5. 实验与调试

1）电路装配图的绘制

由于数字电路中的中、小规模集成电路芯片比较多，所以易造成引线过多、过密，在安装、调试的过程中往往会出现错接、多接、少接现象，故障检查耗时太长。为了便于安装、检查，在装配之前必须认真查阅相关芯片的管脚功能图，并按管脚排列画出该电路的装配图。由总电路图可知，电子秒表的 G_1、G_2、G_3、G_5 可用 1 片 4 - 2 输入与非门 74LS00，而 G_4、G_6、G_7 为 3 只反相器，可选用 1 片六反相器 74LS04（只用三个单元）、1 片 555 定时器、三片 74LS160、二片 74LS47，其管脚功能及管脚图见附录 C。两只 LED 数码管的参考管脚如图 3 - 5 - 9 所示，由于 LED 数码管型号各异，管脚功能排列也不相同，应对照具体型号查找相关资料来确定。

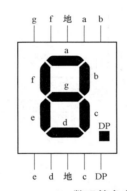

图 3 - 5 - 9　LED 数码管参考管脚

电子秒表总装配图如图 3 - 5 - 10 所示。

2）调试方法的选择

根据装配图，在插线板上对电路各元器件合理布局，可以一次安装、分单元调试，最后再联调；也可以逐级安装、调试，直至整个系统调试完成。整体安装的好处是可以根据安装图合理布线，如用红线作 + 5 V 电源线，一次将各芯片电源线连接，检查无误后用黑线作地线，将各芯片地线接通并逐级检查，无误后再用其他颜色的连接线逐级安装各功能电路。

3）各级安装、调试及功能测试

（1）启动、停止开关控制电路的安装与调试。

任意选择 74LS00 中的两个与非门，如装配图中所示，连接成基本 RS 触发器，接通 + 5 V 电源，分别按下 K_1、K_2，测量 Q、$\bar{Q}$ 端是否符合逻辑要求，即先按下 K_2，用万用表直流电压挡测量 Q、$\bar{Q}$，应该为 $\bar{Q} = 1$，$Q = 0$，并注意高电平、低电平的幅值是否达到要求。再按一下 K_1，应该为 $\bar{Q} = 0$，$Q = 1$。可多试几次，保证动作可靠。

（2）清零信号产生电路的安装与调试。

按图 3 - 5 - 3 和图 3 - 5 - 10 组装电路，以 74LS00 的第 3 单元与非门作为 G_3，以 74LS04 第 1 单元反相器作为 G_4，两个微分环节为 R_3C_1、R_4C_2。因本单元电路跨接 2 片集成组件，所以一定要注意连接无误，电源、地线一定要正确接通。通电后可用示波器观测 G_4 输出有没有负向脉冲波，方法是按一下 K_1，示波器应显示一次负向脉冲波形。若没有产生清零信号，应检查启动、停止开关控制电路的逻辑状态，检查 R_3C_1 微分环节有没有产生负向尖脉冲触发信号，波形出现后应测量脉冲宽度、幅度。

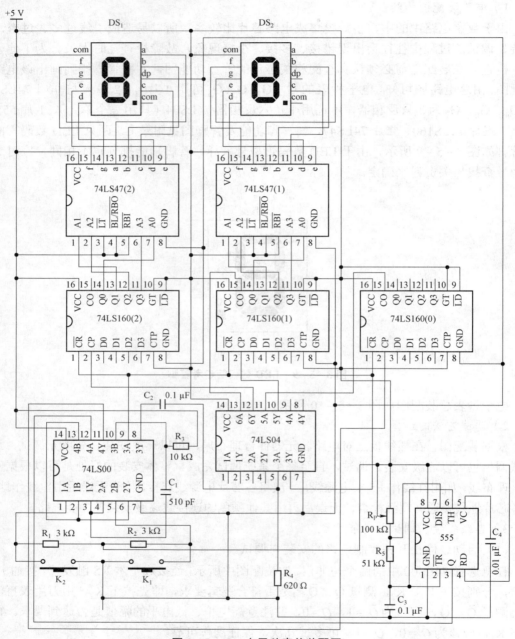

图 3-5-10 电子秒表总装配图

（3）时钟发生器的安装与调试。

时钟发生器是用 1 片 555 定时器组成的多谐振荡器，波形周期为 10 ms。根据设计要求，秒表最大计时在 9.9 s 内时间误差不能超过 ±10 ms，电子秒表三级计数器计数长度为 1 000。由此推算，时钟源的周期误差应在 ±0.01 ms 内，本级调试的主要工作量是周期的调试，

选择 C_3 为高质量电容，精心调整 R_p，使方波周期在（10 ± 0.01）ms 范围内。根据相关文献记载，用 555 定时器组成的方波发生器，误差只能做到 $\pm1\%$，而本实训项目的精度要求为 $\pm0.1\%$，很难达到设计要求。解决的办法是采用石英晶体振荡器与与非门组成方波发生器，利用石英晶体的高精度达到对稳定度的要求，请读者参阅相关资料。

（4）分频、计数、译码与显示电路的安装与调试。

分频、计数实质上是一个三级串联进位方式的十进制计数器，0.1 s 位和 s 位译码显示均为标准形式。这部分电路的特点是芯片多、引线多、功能端的电平要求严格，但只要芯片质量没有问题，引线连接无误，一般会正常工作。若出现不能正常显示的情况，应逐级、逐片检查，方法是用示波器观察各计数器的 Q 端波形、用万用表检查使能端电平等。

6. 元器件清单

元器件清单如表 3-5-2 所示。

表 3-5-2　元器件清单

序号	名称	符号	规格型号	数量
1	电阻	R_1，R_2	0.125 W/3 kΩ	2
2	电阻	R_3	0.125 W/10 kΩ	1
3	电阻	R_4	0.125 W/620 Ω	1
4	电阻	R_5	0.125 W/51 kΩ	1
5	电位器	R_p	0.125 W/100 kΩ	1
6	电容器	C_1	510 pF	1
7	电容器	C_2，C_3	CB　0.1 μF	2
8	电容器	C_4	0.01 μF	1
9	4-2 输入与非门	G_1，G_2，G_3，G_5	74LS00	1
10	六反相器	G_4，G_6，G_7	74LS04	1
11	十进制同步加法计数器		74LS160	3
12	四线七段译码器		74LS47	2
13	LED 数码管		共阳极型	2
14	按键	K_1，K_2		2
15	定时器		555	1

7. 设计任务

① 分析电子秒表的设计要求，研究如图 3-5-1 所示的设计方案的优缺点。

② 为了满足时间精度要求，时钟电路应如何改进？试更新设计一个用石英晶体振荡器产生方波的时钟电路。

③ 画出电子秒表的总电路图，说明电路的工作原理，并比较原理图与装配图的区别。

④ 写出电子秒表的调试步骤及测试结果，并对结果进行分析。

⑤ 总结数字电路设计的特点，写出收获与体会。

8. 思考题

① 图 3-5-8 中的电子秒表，若同时按下 K_1、K_2，会出现什么问题？

② 若单稳态电路选择由 555 定时器组成，在逻辑关系上有没有问题？如何解决？

③ 如何检查数码管的好坏？

实训 3.6　压控阶梯波发生器的设计与制作

1. 设计内容及要求

阶梯波是电子测量及电子仪器中常用的波形之一，本实训项目要求设计并制作一个压控阶梯波发生器，设计要求如下。

① 输出波形如图 3-6-1 所示，频率 f 与外加电压 U_C 的函数关系为：

$$f = \frac{1}{T} = 100U_C \text{（Hz/V）}$$

式中，外加直流控制电压 U_C 的变化范围为 $1\sim10\ \mathrm{V}$，即如果 $U_C = 1\ \mathrm{V}$，阶梯波的频率相当于 100 Hz。

② 阶梯波的实际频率与按上述函数关系计算所得数值相比，误差不超过 ±5%。

③ 输出电压 U_O 的实际值与图 3-6-1 所示数值相比，误差不超过 ±10%。

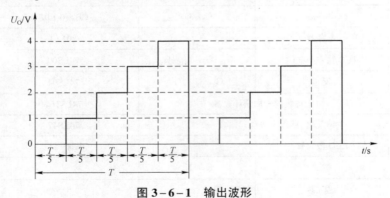

图 3-6-1　输出波形

2. 设计方案的选择

根据设计要求，首先要有一个 V/F 变换器，将外加直流控制电压 U_C 变为脉冲信号，然后把脉冲信号变成周期与其频率有关的阶梯信号。我们先通过一个计数器对脉冲信号计数，利用计数器输出各 Q 端产生的规律性的高低电平，再通过一个 D/A 转换器，把计数器输出的脉冲信号电流相加。例如，起始计数器输出 $Q_2Q_1Q_0 = 000$，即各输出端均为零电平，产生的电流 $I_{Q0} = I_{Q1} = I_{Q2} = 0$，D/A 转换器的输出电平也为零电平。第一个 CP，$Q_2Q_1Q_0 = 001$，这时，$I_{Q1}=I_{Q2}=0$，但 I_{Q0} 不为零，输出电平不为零，产生第 1 个台阶。第二个 CP，$Q_2Q_1Q_0=010$，$I_{Q0}=I_{Q2}=0$，但 $I_{Q1}\neq0$，若选取权电阻使 $I_{Q1}=2I_{Q0}$，则在 D/A 转换器输出端产生的电压即为第一个 CP 期间产生电压的 2 倍，产生第 2 个台阶。第三个 CP，$Q_2Q_1Q_0=011$，则 D/A 转换器输出电压为第一个 CP 期间的 3 倍，如此下去，计数器的计数长度由波形台阶数决定。例如，第四个 CP，$Q_2Q_1Q_0=100$，只有 Q2 端输出为高电平，若选取权电阻使其产生的电压为第一个 CP 时的 4 倍，4 个台阶已产生，一个压控阶梯波的周期已完成。再来一个 CP，应取 $Q_2Q_1Q_0=000$，周而复始。

　　由以上分析知，若要产生如图 3-6-1 所示的压控阶梯波电压波形，只需设计一个五进制同步加法计数器即可，而 D/A 转换器为权电阻网络 D/A 转换器。本设计方案的方框图如图 3-6-2 所示。

图 3-6-2　压控阶梯波发生器设计方案方框图

3. 单元电路的设计

1）V/F 变换器的方案选择和电路设计

　　V/F 变换器的功能是将电压模拟信号变换成频率与电压成正比的数字信号，本实训项目要求控制电压 U_C 与阶梯波的压频比为 100 Hz/V。研究图 3-6-1 给定的波形图，发现压控阶梯波有 5 个台阶，或者说，在一个周期 T 内，每个阶梯占有的时间为 $\dfrac{1}{5}T$，若以变换后的脉冲信号作为计数器的时钟 CP，实际的压频比应为 500 Hz/V，即外加直流控制电压 U_C 为 +1 V 时，输出脉冲频率 $f=500$ Hz。

（1）设计方案的选择。

　　V/F 变换器的压频比为 500 Hz/V，可直接选用专用的压频变换器，如 AD650、AD654，其精度高、线性度好，但价格较贵。在精度要求不太高的情况下，可采用集成运算放大器组成简单的压频变换电路。其中，电荷平衡式压频变换电路，精度可以达 1% 以上，而本实训项目要求的精度为 5%，完全可以达到设计要求。

（2）电路及电路参数选择。

　　电荷平衡式压频变换电路如图 3-6-3 所示。

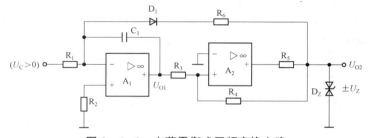

图 3-6-3　电荷平衡式压频变换电路

　　图中，A_1 组成积分电路，A_2 为滞回电压比较器，D_1 为电子开关，工作原理如下：A_1、R_1、C_1 组成积分电路，A_2、R_3、R_4 组成滞回比较器，输出电压 U_{O2} 的幅值由稳压二极管稳压，D_1、R_6 组成电子开关。当 U_{O2} 为 $+U_Z$ 时，D_1 截止，相当于开关断开，U_{O1} 的变化由积分电路参数决定；当 U_{O2} 为 $-U_Z$ 时，D_1 导通，相当于开关闭合，电容上充电，电荷将通过 D_1、R_6 释放，使 U_{O1} 产生突跳，U_{O1}、U_{O2} 的波形如图 3-6-4 所示。

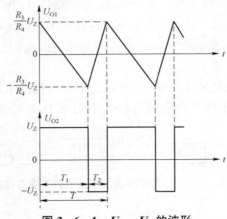

图 3-6-4 U_{O1}、U_{O2} 的波形

由于 $(R_6+r_{D1})C_1 \ll R_1C_1$，故 $T_1 \gg T_2$。该电路的振荡周期 $T=T_1+T_2 \approx T_1$，可以求得

$$T = \frac{2R_1R_3C_1}{R_4} \cdot \frac{U_Z}{U_C} \qquad f = \frac{1}{T} = \frac{R_4U_C}{2R_1R_3C_1U_Z}$$

当电路参数取定，则振荡频率 f 与外加直流控制电压 U_C 成正比。选 D_Z 为 2CW53，两只对接，稳压值为 $\pm 5\,V$，即 $U_Z = 5\,V$，取 $C_1 = 0.01\,\mu F$，$R_1 = 100\,k\Omega$，当 $U_C = 1\,V$ 时，则有

$$\frac{R_4}{R_3} = \frac{2R_1C_1U_Z}{U_C} \cdot f = \frac{2 \times 100 \times 10^3 \times 0.01 \times 10^{-6} \times 5}{1} \times 500 = 5$$

取 $R_3 = 10\,k\Omega$，R_4 为一个 $10\,k\Omega$ 电阻和一只 $100\,k\Omega$ 电位器串联。图中，R_5、R_6 为限流电阻，取 $R_5 = R_6 = 1\,k\Omega$，R_2 为匹配电阻，取 $R_2 = R_1 = 100\,k\Omega$。

2）五进制同步加法计数器的设计

五进制同步加法计时器可以选用 3 片小规模集成 JK 触发器、D 触发器组合而成，还可以用 1 片中规模集成计数器如 74LS160、74LS161 等接成一个五进制计数器。本实训项目中选用集成同步十进制加法计数器 74LS160 组成一个五进制计数器，其电路如图 3-6-5 所示。

采用置数法，置数端 $D_3D_2D_1D_0 = 0000$，其状态转换图如图 3-6-6 所示。当 $Q_3Q_2Q_1Q_0 = 0100$ 时，$\overline{LD} = 0$，第 5 个 CP 上升沿到来时，状态转入 $Q_3Q_2Q_1Q_0 = 0000$。图中，反相器 G_1（74LS04）也可用 7-4 输入与非门 74LS00 接成反相器。

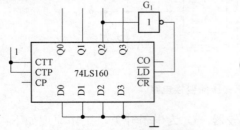

图 3-6-5 五进制同步加法计数器电路

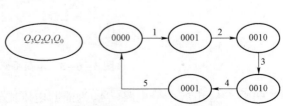

图 3-6-6 状态转换图

3）D/A 转换器的设计

D/A 转换器的功能是将计数器 Q 端输出的高、低电平转换成权电流并相加，在输出端产生阶梯电压，电路如图 3-6-7 所示。

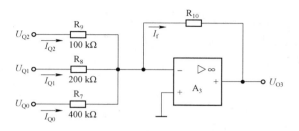

图 3-6-7　D/A 转换器电路

由状态转换图知，74LS160 的 Q3 端没有用上，故 74LS160 的 Q3 端开路，Q0、Q1、Q2 分别接电阻 R_7、R_8、R_9。取值为 $R_9 = R$，$R_8 = 2R$，$R_7 = 4R$，以实现 $I_{Q1} = 2I_{Q0}$，$I_{Q2} = 4I_{Q0}$，由 R_{10} 引入负反馈，使运放 A_3 反相输入端电压 $U_N \approx 0$（虚地点），故有：

$$I_{Q0} + I_{Q1} + I_{Q2} = I_f$$
$$U_{O3} = -I_f R_{10}$$

取 $R_9 = 100$ kΩ，则 $R_8 = 200$ kΩ，$R_7 = 400$ kΩ（390 kΩ），R_{10} 的计算方法如下：设计数器输出高电平 $U_Q = 3.4$ V，当 $Q_2 Q_1 Q_0 = 001$ 时，$U_{O3} = -1$ V，此时有 $I_{Q1} = I_{Q2} = 0$，$I_{Q0} = I_f$，即：

$$\frac{U_{Q0}}{R_7} = -\frac{U_{O3}}{R_{10}}$$

$$R_{10} = -\frac{U_{O3} \times R_7}{U_{Q0}} = \frac{1 \times 400}{3.4} = 117.6 \text{（kΩ）}$$

暂取 $R_{10} = 120$ kΩ，在调试过程中，若台阶电压间隔偏离 1 V 过大，可适当调整。图 3-6-7 中的电路实际上是一个反相求和电路，获得的阶梯波电压为负台阶，故在 D/A 转换器后面要接一个反相器（反相比例运算电路的比例系数为 -1），如图 3-6-8 所示。

参数选择：取 $R_{11} = R_{12} = 20$ kΩ，$R_{13} = R_{11} // R_{12} = 10$ kΩ。

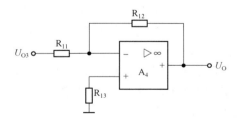

图 3-6-8　反相比例运算电路

4. 总电路图

由以上设计得压控阶梯波发生器总电路图，如图 3-6-9 所示。

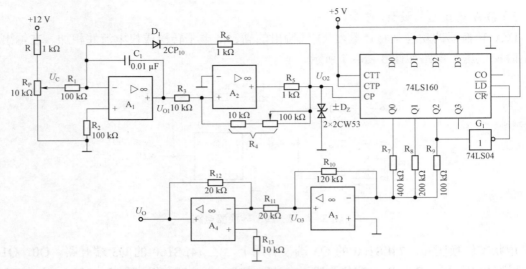

图 3-6-9   压控阶梯波发生器总电路图

图中，$A_1 \sim A_4$ 均选通用型集成运放 F741，U_C 电压可通过一个 +12 V 电源经电位器 R_P 分压获得。R_4 由 100 kΩ 电位器与一只 10 kΩ 电阻串联而组成。

5. 安装与调试

本实训项目为模拟电路与数字电路组成的混合电路，首先要注意电源电压的选择。模拟电路选用的 $A_1 \sim A_4$ 均为双电源集成运放 F741，应选择正、负电源供电，电源电压为（±12～±15）V，选择模拟电路电源电压为 ±12 V。F741 的管脚排列及功能参考附录 C.2。数字电路主要是计数器 74LS160，+5 V 电源电压供电，3 组电源要共地。

本电路适于分级安装调试、逐级推进，具体如下。

（1）V/F 变换器的安装与调试。

按图 3-6-9 中的 V/F 电路图组装好电路，加上电源电压，调 R_P，使 $U_C = +1$ V，从 U_C 端口输入。用示波器观察 U_{O1}、U_{O2} 的波形，并与图 3-6-4 进行比较，若无波形或波形不正常，检查并调整电路的步骤如下：① 检查 F471 的 7 脚与 4 脚电位，判断电源是否加上；② 用万用表测量 U_{O2} 是否是 +5 V 或 −5 V；③ 调 R_4 中的 100 kΩ 的电位器，反复调节，用示波器观察有无振荡波形出现。若以上步骤仍无振荡波形出现，即检查 C_1 有没有接上或接错，D_1 极性有没有接错，A_1 的 2 脚是否为零电位等。

若波形形状正常，U_{O2} 幅值在 3 V 以上，则调 R_P，使 U_C 为 +5 V，再调 R_4 中的电位器使 U_{O2} 的周期为 0.4 ms，即 $f = 2\,500$ Hz，若达不到要求，可适当改变 R_1。将 V/F 变换器线性度的调整及测得数据记入表 3-6-1 中。

表 3-6-1   V/F 线性度的测量数据

控制电压 U_C/V	1	2	3	4	5	6	7	8	9	10
U_{O2} 波形周期 T/ms										
振荡频率 f/Hz										
压频比/（Hz/V）										

根据表 3－6－1 中的数据，若压频比在低端或高端的误差已超过±5%，应重新调整电路，例如调 R_4 中的电位器使最大误差缩小，并使 U_C＝＋5 V 时适当偏离 2 500 Hz。

（2）计数器的安装与调试。

按图 3－6－9 中计数器电路图组装计数器，74LS160 的管脚图及管脚功能见附录 C.3。

接通＋5 V 直流电源，将前级 V/F 变换器电路输出 U_{O2} 作为计数器时钟 CP，用示波器观察 $\overline{Q}_0$、$\overline{Q}_1$、$\overline{Q}_2$ 端的波形图，波形应符合图 3－6－10。

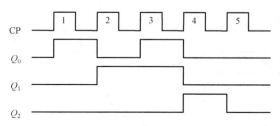

图 3－6－10　五进制计数器波形图

调试中可能出现的问题如下。

① 前级波形不能触发计数器计数，用示波器观察 U_{O2} 接入 74LS160 的 CP 输入端，发现幅值降到 1 V 以下，甚至为零。主要问题是前后级阻抗不匹配。解决方法之一，在前级 U_{O2} 输出端再接一只反相器隔离；方法之二，在前后级间串入一只 1 kΩ 以下小电阻，改善输入状况。

② 计数器输出波形混乱，与图 3－6－10 相差很大。主要原因是 74LS160 芯片接触不好，引线连接有错，属于安装工艺问题，当然也有其自身质量问题。

（3）D/A 转换器电路的安装与调试。

按图 3－6－9 安装 A_3、A_4 组成的电路，接通电源。本级在计数器正常工作情况下，U_{O3}、U_{O4} 波形的出现没有难度。但根据设计要求，要调整台阶电压以满足每阶（1±0.1）V 的要求，分两种情况：

① 台阶均匀，但每阶幅度偏小或偏大，主要是 R_{10} 的阻值不合理，可根据实际情况改变 R_{10} 的阻值，直到达到设计要求；

② 台阶间隔有大有小，不均匀，主要是 74LS160 各 Q 端输出高电压幅值相差较大。仅通过调整电阻 R_7、R_8、R_9 很难解决，方法一是更换计数器芯片；方法二是在计数器输出与A/D 转换器之间串入 CMOS 缓冲器，如 CC4010，因 CMOS 电路输出高电平 $U_{OH}＝U_{CC}$，且一致性较好，但 CMOS 缓冲器的接入增加了电路的复杂性及成本。只要每阶幅值误差在设计范围内，一般不加入缓冲器。

6. 元器件清单

元器件清单如表 3－6－2 所示。

表 3－6－2　元器件清单

序号	名称	符号	规格型号	数量
1	电阻	R_1，R_2，R_9	0.125 W/100 kΩ	3
2	电阻	R_3，R_4，R_{13}	0.125 W/10 kΩ	3

续表

序号	名称	符号	规格型号	数量
3	电阻	R_5, R_6, R	0.125 W/1 kΩ	3
4	电阻	R_8	0.125 W/200 kΩ	1
5	电阻	R_7	0.125 W/400 kΩ	1
6	电阻	R_{10}	0.125 W/120 kΩ	1
7	电阻	R_{11}, R_{12}	0.125 W/20 kΩ	2
8	电位器	R_P	0.125 W/10 kΩ	1
9	电位器	R_4	0.125 W/100 kΩ	1
10	电容	C_1	0.01 μF	1
11	硅二极管	D_1	2CP10	1
12	稳压二极管	D_Z	2CW53	2
13	集成运放	A_1, A_2, A_3, A_4	F741	4
14	加法计数器		74LS160	1
15	反相器	G_1	74LS04	1

7. 设计任务

① 根据设计要求，分析如图 3-6-2 所示的设计方案的优缺点。

② 详细说明单元电路的选择及电路参数的计算。

③ 详细说明 V/F 变换器的工作原理。

④ 写出调试步骤和调试结果，列出实验数据，并对实验数据进行分析。

⑤ 写出收获与体会。

8. 思考题

① 若控制电压 U_C 为负电压，即 $U_C < 0$，如图 3-6-3 所示的电荷平衡式压频变换电路应如何变化？

② 若图 3-6-3 中的稳压二极管 D_Z 开路，对整个电路的工作有何影响？

③ 由 A_4 组成的反相器能否用一只数字电路中的反相器来代替？为什么？

附录 A 面包板的结构及插接方式

【名称】：面包板（万用线路板）。

【分类】：单面包板，组合面包板，无焊面包板。

【构造】：整板使用热固性酚醛树脂制造，板底有金属条，在板上对应位置打孔，使得元件插入孔中时能够与金属条接触，从而达到导电目的。一般将每 5 个孔板用一条金属条连接。板子中央一般有一条凹槽，这是针对集成电路、芯片实验而设计的。板子两侧各有一排插孔，也是 5 个一组，用于给板上的元件提供电源。

母板是带铜箔导电层的玻璃纤维板，用于固定无焊面包板，并且引出电源接线柱。

【用途】：面包板是专为电子电路的无焊接实验设计制造的。不用焊接，将元件插入孔中并适当连线就可测试电路及元件，使用方便。由于各种电子元件可根据需要随意插入或拔出，免去了焊接，节省了电路的组装时间，而且元件可以重复使用，所以非常适合电子电路的组装、调试和训练。

1. 常用面包板的结构

本节以 SYB-130 型面包板为列介绍常用面包板及其结构。如图 A-1 所示，插座板中央有一凹槽，凹槽两边各有 65 列小孔，每一列的 5 个小孔在电气上相互连通。集成电路的管脚就分别插在凹槽两边的小孔上。插座上、下边各一排（即 X 排和 Y 排），在电气上是分段相连的，每排 55 个小孔，分别作为电源与地线插孔用。对于 SYB-130 型面包板，X 排和 Y 排的 1～15 孔、16～35 孔、36～55 孔在电气上是连通的。其他型号的面包板使用时应参看使用说明。

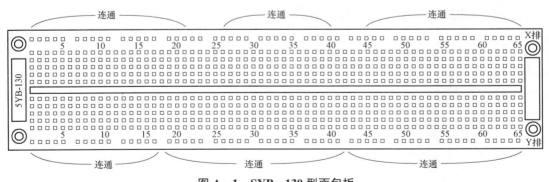

图 A-1 SYB-130 型面包板

2. 布线用的工具

布线用的工具主要有剥线钳、偏口钳、扁嘴钳和镊子。剥线钳用来剥离导线绝缘皮。扁嘴钳用来弯直和理直导线，钳口要略带弧形，以免在勾绕时划伤导线。镊子是用来夹住导线或元器件的管脚送入面包板指定位置的。偏口钳与扁嘴钳配合使用，用来剪断导线和元器件的多余管脚。钳子刃面要锋利，将钳口合上，对着光检查时，应合缝不漏光。

3. 面包板的使用方法及注意事项

① 安装分立元件时，应便于看到其极性和标志，将元件管脚理直后，在需要的地方折弯。为了防止裸露的引线短路，必须使用带套管的导线。一般不剪断元件管脚，以便于重复使用。一般不要插入管脚直径＞0.8 mm 的元器件，以免破坏插座内部接触片的弹性。

② 对多次使用过的集成电路的管脚，必须修理整齐，管脚不能弯曲，所有的管脚应稍向外偏，这样能使管脚与插孔可靠接触。要根据电路图确定元器件在面包板上的排列方式，目的是方便走线。为了能够正确布线并便于查线，所有集成电路的插入方向要保持一致，不能为了临时走线方便或缩短导线长度，而把集成电路倒插。

③ 根据信号流程的顺序，采用边安装边调试的方法。元器件安装之后，先连接电源线和地线。为了查线方便，连线尽量采用不同颜色。例如，正电源用红色，负电源用蓝色，地线用黑线，信号线用黄色，也可根据条件选用其他颜色。

④ 面包板宜使用直径为 0.6 mm 左右的单股导线。根据导线间的距离及插孔的长度剪断导线，要求线头剪成 45° 斜口，线头剥离长度约为 6 mm，要求全部插入底板以保证接触良好。裸线不宜露在外面，防止与其他导线短路。

⑤ 连线要求紧贴在面包板上，以免因碰撞而弹出面包板，造成接触不良。必须使连线在集成电路周围通过，不允许跨接在集成电路上，也不得使导线互相重叠在一起，尽量做到横平竖直，这样有利于查线、更换元器件及连线。

⑥ 最好在各电源的输入端和地之间并联一个容量为几十 μF 的电容，这样可以减少瞬变过程中电流的影响。为了更好地抑制电源中的高频分量，应该在该电容两端再并联一个高频去耦电容，一般取 0.01~0.047 μF 的独立电容。

⑦ 在布线过程中，要求把各元器件放置在面包板上的相应位置，并把所用的管脚号标在电路图上，从而保证调试和查找故障的顺利进行。

⑧ 所有的地线必须连接在一起，形成一个公共参考点。

附录 B 常用电子仪器用法简介

 B.1 直流稳压电源 CA1713A

CA1713A 型直流稳压电源是实验室通用直流电源，可同时提供Ⅰ、Ⅱ、Ⅲ三路稳压电源。Ⅰ、Ⅱ路具有恒压、恒流功能（CV/CC），且这两种模式可随负载变化而进行自动转换，每一路可输出 0～32 V/0～2 A 直流电源。串联工作或串联跟踪工作时，可输出 0～64 V/0～2 A 或 0～±32 V/0～2 A 的单极性或双极性电源。每一路输出均有一块高品质磁电表或数字电表指示输出参数，使用方便，电源恒定，不怕短路。Ⅲ路为固定 5 V/0～2 A 直流电源，为 TTL 电路实验、单板机、单片机提供电源，安全可靠。

1. 工作原理

1）换挡原理

由于输出电压的变化范围是 0～32 V，所以采用变压器次级输出的交流电压通过换挡后加至整流器，这个过程是由换挡电器及驱动电路来完成的，换挡时刻是由输出电压的变化过程决定的。

2）恒压、恒流工作的相互转换原理

恒压工作时，电压比较放大器对整流管处于优先控制状态。当恒压工作的输出电流达到恒流点设备值时，恒流比较放大器对调整管处于优先控制状态，电路的工作模式由恒压转换成恒流。

3）调整电路

调整电路是串联线性调整器，由误差放大器控制，使之对输出参数进行线性调整。

4）比较放大器

比较放大器相对于调整级其馈电方式为全悬浮式，该电路的优点是调整范围大、精度高、电路简单、可靠性高、不怕过载或短路。

5）基准源

基准源由 2DW7C 的零温度系数基准电压稳压二极管构成，电路简单可靠，精度、稳定度高。

6）指示电路

指示电路由两块高灵敏度磁电式电表或数字式电表组成，可由面板上的直键开关控制，对输出电压或电流进行指示，其指示精度为 2.5 级。

2. 面板说明

CA1713A 型直流稳压电源面板如图 B－1 所示。

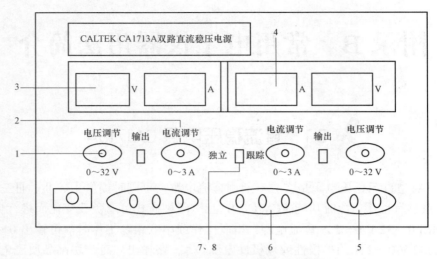

图 B-1 CA1713A 型直流稳压电源面板

面板中主要部件的功能如下：

1——电压调节：调整恒压输出值；

2——电流调节：调节恒流输出值；

3——电压表：指示输出电压；

4——电流表：指示输出电流；

5——Ⅲ路输出：固定 5 V 输出；

6——接地端：机壳接地线柱；

7——跟踪工作：串联跟踪工作按钮；

8——独立：非跟踪工作。

3. 使用方法

① 面板上根据功能色块分布，Ⅰ区内的按键为Ⅰ路仪表指示功能选择，按下时，指示该路输出电流，弹起时指示该路输出电压，Ⅱ路和Ⅰ路相同。

② 中间按键是跟踪、独立选择开关，按下时，在Ⅰ路输出负端至Ⅱ路输出正端加一短接线，打开电源后，整机即工作在主 - 从跟踪状态。

③ 恒流电压的调节在输出端开路时调节，恒定电流的调节在输出端短路时调节。

④ 本仪器电源输入为三线，机壳接地，以保证安全、减小输出纹波和接地电位差造成的杂波干扰、50 Hz 干扰。Ⅲ路输出为固定 +5 V。右旋钮与机壳相接为地线。Ⅰ、Ⅱ两路输出为悬浮式，用户可根据使用情况将输出接入系统的地电位。

⑤ 串联工作或串联主从跟踪工作时，两路的四个输出端子原则上只允许一个端子与机壳的地相连。

B.2　交流毫伏表 EM2171 的使用

交流毫伏表是以测量交流毫伏级信号为基础的多量程电表,其用途和万用表的交流电压挡基本一致,但和普通万用表相比具有输入阻抗高的优点。首先,万用表的电压挡内阻一般不高,测电压时不可避免地因分流而产生较大的测量误差,交流毫伏表的输入电阻一般至少为 500 kΩ,仪表接入被测电路后,对电路的影响小;其次,毫伏表灵敏度高,最低电压可测到微伏级,而万用表只能测到零点几伏以上的交流电压;再次,毫伏表频率范围宽,适用频率约为几 Hz 到几 GHz,而万用表的工作频率低,频率一般不超过几千 Hz;最后,毫伏表电压测量范围很宽,量程从几百μV 到几百 V 有十几个挡位。

EM2171 型交流毫伏表是放大−检波式交流电压测量仪表,具有高灵敏度、输入阻抗高及稳定性高等特点,其仪器面板如图 B−2 所示。

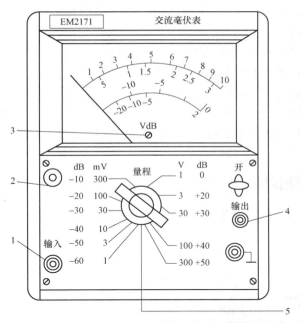

图 B−2　EM2171 型交流毫伏表的仪器面板

1. 各主要旋钮功能

面板中主要旋钮功能如下:

1——输入插孔:被测信号电压输入;

2——指示灯:灯亮表示电源接通;

3——机械调零螺丝:当仪表没有接通电源时,如表针不指零,调节此螺丝;

4——输出端:可以作为一个宽频率、高增益的放大器,在输出端和接地端间输出;

5——量程开关:用于选择所需要的测量电压范围。

2. 使用方法及注意事项

① 接通电源前，对表头进行机械零点调整。

② 将量程开关置于所需测量的范围。若不知道被测电压的大小，应先将量程开关置于最大挡，然后逐挡下降，直到尽可能使指针指示满刻度值的三分之二左右，以保证读数准确。

③ 根据量程开关的位置，按对应的刻度线读数。

④ 测量完毕后，应将量程开关置于最大量程挡位上，以免外界感应信号使指针偏转超量程而造成表头损坏。

B.3 函数信号发生器 CA1640P–20 的使用

CA1640P–20 型函数信号发生器是一种精密的测试仪器，具有连续信号、扫频信号、函数信号、脉冲信号等多种输出信号和外部扫频功能，因而是工程师、电子实验室、生产线及教学、科研需配备的设备。

本仪器采用大规模单片机集成精密函数信号发生器电路，具有很高的可靠性及优良的性能。用户可以直观、准确了解相关功能，因此极大地方便了用户。该机采用了精密电流源电路，使输出信号在整个频带内均具有相当高的精度，而且多种电流源的变换使用，使仪器不仅具有正弦波、三角波，同时对各种波形均可以实现扫描功能。整机采用大规模集成电路设计，平均无故障时间高达数千小时以上。整机造型美观大方，电子控制按钮操作起来更舒适、更方便。

1. 面板图及功能说明

CA1640P–20 型函数信号发生器的前面板如图 B–3 所示，面板上各部件的主要功能如表 B–1 所示。

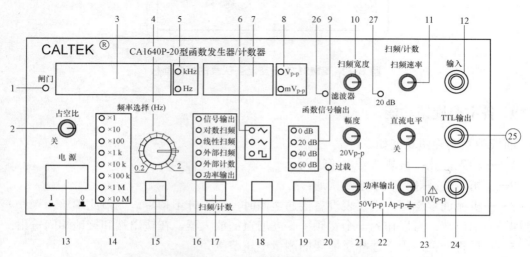

图 B–3 CA1640P–20 型函数信号发生器的前面板

表 B-1 CA1640P-20 型函数信号发生器前面板主要功能

序号	功能	用　　途
1	闸门	该灯每显示一次表示完成一次测量
2	占空比	改变输出信号的对称性，处于关位置时输出对称信号
3	频率显示	显示输出信号的频率或外测频信号的频率
4	频率细调	在当前频段内连续改变输出信号的频率
5	频率单位	指示当前显示频率的单位
6	波形指示	指示当前输出波形信号的状态
7	幅度显示	显示当前输出信号的幅度
8	幅度单位	指示当前输出信号的幅度单位
9	衰减指示	指示当前输出信号幅度的挡级
10	扫频宽度	调节内部扫频时间的长短，在外测频时，逆时针旋到底（指示灯 26 亮），则外输入测量信号经过滤波器（截止频率为 1 000 kHz 左右），进入测量系统
11	扫频速率	调节被扫频信号的频率范围，在外测频时，当电位器逆时针旋到底（指示灯 27 亮），则外输入信号经过 20 dB 衰减进入测量系统
12	信号输入	当第 17 项功能选择为"外部扫频"或"外部计数"时，外部扫频信号或外测频信号由此输入
13	电源开关	按下接通电源，弹起断开电源
14	频段指示	指示当前输出信号的频率的挡级
15	频率选择	选择当前输出信号的频率的挡级
16	功能指示	指示本仪器当前的功能状态
17	功能选择	选择仪器的各种功能
18	波形选择	选择当前输出信号的波形
19	率减控制	选择当前输出信号幅度的挡级
20	过载指示	指示灯亮时，表示功率输出负载过重
21	幅度细调	在当前幅度挡级连续调节
22	功率输出	信号经过功率放大器输出
23	直流电平	预制输出信号的电平，范围为 $-5\sim5$ V，当电位器处于关位置时，则直流电平为 0
24	信号输出	输出多种波形受控的函数信号
25	TTL 输出	输出标准的 TTL 脉冲信号，输出阻抗为 600 Ω

2. 注意事项与维修

本仪器采用大规模集成电路，修理时禁用二芯电源线的电烙铁，校准测试时测量仪器或其他仪器的外壳应接地良好，以免意外损坏。

B.4　常用双踪示波器（COS-620）的使用

示波器是一种用途十分广泛的电子测量仪器。它能把肉眼看不见的电信号变换成看得见的图像，便于人们研究各种电现象的变化过程。示波器的工作原理是：用狭窄的、由高速电子组成的电子束打在涂有荧光物质的屏面上，在屏面产生细小的光点。在被测信号的作用下，电子束就好像一支笔的笔尖，可以在屏面上描绘出被测信号的瞬时值的变化曲线。利用示波器，能观察各种信号幅度随时间变化的波形曲线，还可以测量各种不同的电量，如电压、电流、频率、相位差、调幅度等。

示波器由示波管和电源系统、同步系统、X轴偏转系统、Y轴偏转系统、延迟扫描系统、标准信号源组成。

1. 面板图及功能说明

COS-620型双踪示波器的面板如图B-4所示。

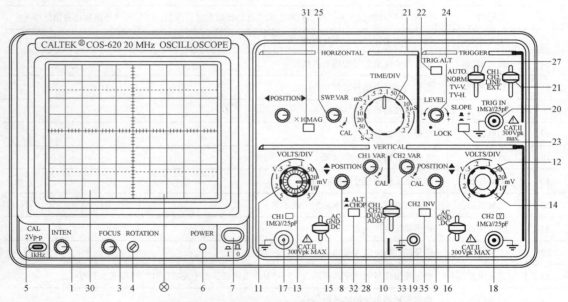

图 B-4　COS-620型双踪示波器的面板

示波器面板主要功能键、旋钮的作用如表B-2所示。

表 B-2　示波器面板主要功能键、旋钮的作用

CRT 部分功能		
序号	功能	用　　途
1	亮度（INTEN）	调节光迹或亮点的亮度
3	聚焦（FOCUS）	常为套轴电位器，用于调整波形的清晰度

续表

序号	功能	用　途
4	扫描轨迹旋转控制（ROTATION）	调整此旋钮可以使光迹与坐标水平线平行
6	电源指示（POWER）	当电源打开时，该灯点亮
7	电源开关	电源开关按钮
30	滤色片	使波形显示效果更舒适
垂直轴		
8	垂直位移（POSITION）	调节 CH1 通道的光迹在屏幕上的垂直位置
9	垂直位移（POSITION）	调节 CH2 通道的光迹在屏幕上的垂直位置
10	通道模式选择开关	选择 CH1 与 CH2 的工作模式： ① CH1 或 CH2：通道 1 或通道 2 单独显示； ② DUAL：两个通道同时显示； ③ ADD：显示两个通道的代数和 CH1+CH2； 按下 CH2 INV 信号倒相按钮（35），CH1 输出的信号为 CH1、CH2 的代数差（CH1−CH2）
11	垂直衰减开关	调节 CH1 通道的垂直偏转灵敏度，1～5 V/div 分 12 挡
12	垂直衰减开关	调节 CH2 通道的垂直偏转灵敏度，1～5 V/div 分 12 挡
17	CH1（X）输入	CH1 通道输入端，在 X–Y 模式下，作为 X 输入端
18	CH2（X）输入	CH2 通道输入端，在 X–Y 模式下，作为 Y 输入端
13	垂直微调旋钮	CH1 垂直灵敏度微调旋钮，微调比 ≥2.5:1。在校正位置时，灵敏度为标志值，顺时针拧到底为校准位置
14	垂直微调旋钮	CH2 垂直灵敏度微调旋钮，微调比 ≥2.5:1。在校正位置时，灵敏度为标志值，顺时针拧到底为校准位置
15	输入耦合开关	选择 CH1 通道垂直输入信号的输入方式：AC 为交流耦合；DC 为直流耦合；GND 为垂直放大器的输入端接地，输入端断开
16	输入耦合开关	选择 CH2 通道垂直输入信号的输入方式：AC 为交流耦合；DC 为直流耦合；GND 为垂直放大器的输入端接地，输入端断开
28	直流平衡调节（DC/BAL）	CH1 通道的直流平衡调节旋钮
32	双踪交替模式（ALT/CHOP）	ALT：在双踪显示时，放开此键，CH1 与 CH2 交替显示（通常用于扫描速度较慢的情况）。 CHOP：在双踪显示时，按下此键，CH1 与 CH2 断续显示
33	直流平衡调节（DC/BAL）	CH2 通道的直流平衡调节旋钮
35	信号倒相（CH2 INV）	CH2 的信号反向，当此键按下时，CH2 的信号及 CH2 的触发信号同时反向
触发功能		
20	外触发输入端子	用于外部触发信号。当使用该功能时，触发源选择开关应设置在 EXT 的位置上
21	触发源选择	选择内（INT）或外（EXT）的触发方式： ① CH1：当通道模式选择开关（10）设定在 DUAL 或者 ADD 状态下时，选择 CH1 作为内部触发信号源； ② CH2：当通道模式选择开关（10）设定在 DUAL 或者 ADD 状态下时，选择 CH2 作为内部触发信号源； ③ LINE：选择交流电源作为触发信号源； ④ EXT：外部信号接于（20），作为触发信号源

序号	功能	用　途
22	触发开关（TRIG ALT）	当通道模式选择开关设定在 DUAL 或 ADD 状态下，而且触发源开关选在 CH1 或者 CH2 上时，按下此键，则以交替方式选择 CH1 和 CH2 作为内触发源
23	触发极性（SLOPE）	设置触发信号的极性："+"上升沿触发，"−"下降沿触发
24	触发电平和触发电平锁定（LEVEL）	同步信号触发电平调节旋钮，向"+"（顺时针）旋转触发电平增大，向"−"（逆时针）旋转触发电平减小。将触发电平旋钮向顺时针方向旋转到底，且听到"咔哒"一声响，触发电平被锁定在一个固定电平上
27	触发方式	触发方式选择： ① AUTO：自动触发，当没有触发信号输入时，扫描在自由模式下； ② NORM：常态触发，当没有触发信号时，踪迹不显示； ③ TV–V：点视场，适用于观察一场的电视信号； ④ TV–H：点视行，适用于观察一行的电视信号。 注意：仅当同步信号为负脉冲时，方可同步点视场和电视行
		时基功能
25	水平位移	调节光迹在屏幕上的水平位置
26	水平扫描开关	扫描速度可分为 19 挡，从 0.2 μs/div 到 0.2 s/div（当设置到 X–Y 时不起作用）
31	扫描扩展开关	按下此开关则扫描速度扩展 10 倍
		其他
5	CAL	提供幅度为 2Vp–p、频率为 1 kHz 的方波信号，用于校正 10:1 探头的补偿电容器和检测示波器与水平的偏转因数
19	接地端（GND）	示波器机箱的接地端子

2. 一般使用方法

1）获得基线

使用无使用说明书的示波器时，首先应调出一条很细的清晰水平基线，然后用探头进行测量，步骤如下。

① 预置面板各开关、旋钮。亮度置适中位置，聚焦和辅助聚焦置适中位置，垂直输入耦合置"AC"，垂直电压量程选择适当挡位（如"5 mV/div"），垂直工作方式选择"CH1"，垂直灵敏度微调校正方式选"CAL"，垂直通道同步源选择"中间"位置，垂直位置选择"中间"位置，A 和 B 扫描时间均置适当挡位（如"0.5 ms/div"），A 扫描时间微调选择"校准"位置"CAL"，水平位移选择"中间"位置，扫描工作方式选择"A"，触发同步方式选择"AUTO"，斜率开关选择"+"，触发耦合开关选择"AC"，触发源选择"INT"。

② 按下电源开关，电源指示灯亮。

③ 调节 A 亮度聚焦等有关控制旋钮，可出现纤细明亮的扫描基线，调节基线使其位于屏幕中间，与水平坐标刻度基本重合。

④ 调节轨迹旋转控制，使基线与水平坐标平行。

2）显示信号

一般示波器均有 0.5Vp–p 标准方波信号输出口，调妥基线后，可将探头接入此插口，此时屏幕应显示一串方波信号，调节电压量程和扫描时间旋钮，方波的幅度和宽度应有变化，至此说明该示波器基本调整完毕，可以投入使用。

3）测量信号

将测试线接入 CH1 或 CH2 输入插座，测试探头触及测试点，即可在示波器上观察波形。如果波形幅度太大或太小，可调整电压量程旋钮；如果波形周期显示不合适，可调整扫描速度旋钮。

附录 C 　常用电子器件

 ## C.1 　半导体分立器件

半导体是一种导电能力介于导体和绝缘体之间，或者说电阻率介于导体和绝缘体之间的物质，如锗、硅、硒及大多数金属的氧化物，都是半导体。半导体的独特性能不仅在于它的电阻率大小，而且它的电阻率因温度、掺杂和光照会产生显著变化。利用半导体的特性可制成二极管、三极管、晶闸管等多种半导体器件，这些器件统称为半导体分立器件。

国产半导体器件的名称由 5 部分组成：第 1 部分用数字表示晶体管的电极数目，第 2 部分用字母表示半导体的材料和极性，第 3 部分用字母表示半导体器件的类型，第 4 部分用数字表示半导体的序号，第 5 部分用字母表示区别代号，一般指耐压等级。第 2、3 部分字母的含义如表 C-1-1 所示，示例如图 C-1-1 所示。

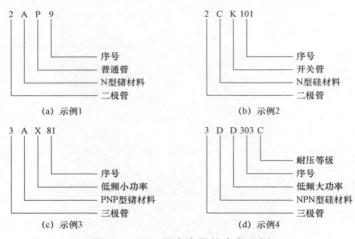

图 C-1-1 　国产半导体命名示例

表 C-1-1 　国产半导体器件命名法的第 2、3 部分字母的意义

	第 2 部分		第 3 部分		
	字母	意义	字母	意义	字母	意义
二极管	A	N 型，锗材料	P	普通型	D	低放大功率 ($f_T < 3\ \text{MHz}$, $P_C \geq 1\ \text{W}$)
	B	P 型，锗材料	V	微波管		
	C	N 型，硅材料	W	稳压管	A	高放大功率 ($f_T \geq 3\ \text{MHz}$, $P_C \geq 1\ \text{W}$)
	D	P 型，硅材料	C	参量管		

第 2 部分		第 3 部分			
字母	意义	字母	意义	字母	意义
A	PNP 型，锗材料	Z	整流管	T	晶体闸流管（可控整流管）
B	NPN 型，锗材料	L	整流堆	Y	体效应器件
C	PNP 型，硅材料	S	隧道管	B	雪崩管
D	NPN 型，硅材料	N	阻尼管	J	场效应器件
E	化合物材料	U	光电器件	CS	场效应管
		K	开关管	BT	光电池
		X	低频小功率管 $(f_T<3\ \mathrm{MHz},\ P_C<1\ \mathrm{W})$	PIN	PIN 型管
				PH	复合管
		G	高频小功率管 $(f_T\geqslant3\ \mathrm{MHz},\ P_C>1\ \mathrm{W})$	JG	激光器件

（三极管）

C.1.1　半导体二极管

1. 半导体二极管的结构

半导体二极管又称晶体二极管，是一个由 NP 结组成的器件，具有单向导电性能，因此常用它作为整流或检波器件。二极管有两个电极，接 P 型半导体的引线叫阳极（正极），接 N 型半导体的引线叫阴极（负极）。半导体二极管的结构及符号如图 C-1-2 所示。

（a）结构　　　　　　（b）符号
图 C-1-2　半导体二极管的结构与符号

半导体二极管按材料分有锗二极管、硅二极管和砷化镓二极管，前两种应用最广泛。其中，锗二极管正向压降为 0.2～0.4 V，硅二极管正向压降为 0.6～0.8 V，锗二极管的反向饱和电流比硅二极管大，故锗二极管耐高温特性比硅二极管差，锗二极管的最高工作温度一般不超过 100 ℃，而硅二极管的工作温度可达 175 ℃。半导体二极管按结构不同，可分为点接触型、面接触型；按用途不同可分为整流二极管、检波二极管、开关二极管、稳压二极管、变容二极管、发光二极管、光电二极管等。

2. 常用半导体二极管的参数及使用知识

常用的检波二极管、整流二极管主要有以下 4 个参数。

1）最大整流电流（额定电流）I_F

最大整流电流是指半波整流连续工作情况下，为使 PN 结的恒温不超过额定值（锗二极管约为 80 ℃，硅二极管约为 150 ℃），二极管中能允许通过的最大直流电流。由于电流流过二极管时二极管就要发热，所以当电流过大时二极管就会因过热而烧毁。应用二极管时应注意：最大电流不能超过 I_F；应用大电流整流二极管时要加散热片。

2）最大反向电压 U_{RM}

最大反向电压是指不致引起二极管击穿的反向电压。工作电压峰值不能超过 U_{RM}，否则会引起反向电流增长，使二极管整流特性变坏，甚至烧坏二极管。

二极管的反向工作电压一般为击穿电压的 1/2，而有些小容量二极管的最高反向工作电压则定为反向击穿电压的 2/3。晶体管的损坏，一般说来对电压比电流更为敏感，也就是说，过电压更容易引起二极管的损坏，故应用中一定要保证电压不超过最大反向工作电压。

3）最大反向电流 I_{RM}

在给定（规定）的反向电压下，通过二极管的直流电流称为最大反向电流 I_{RM}。理想情况下二极管是单向导电的，但实际上反向电压下总有一些微弱电流，这一电流在二极管被反向击穿之前大致不变，故又称反向饱和电流。实际的二极管，反向电流往往随反向电压的增大而缓慢增大，在最大反向电压 U_{RM} 时，二极管中的反向电流就是最大反向电流 I_{RM}，通常硅二极管为 $1\,\mu A$ 或更小，锗二极管为几百 μA。反向电流的大小，反映了二极管单向导电性能的好坏，反向电流的数值越小越好。

4）最高工作频率 f_M

半导体二极管保持良好工作特性的最高频率，称为最高工作频率 f_M，最早的 2AP 系列二极管的 $f_M < 150\ MHz$，而 2CP 系列二极管的 $f_M < 50\ kHz$。

3. 半导体二极管的参数

常用半导体二极管的参数如表 C-1-2 所示。

表 C-1-2　常用半导体二极管的参数

型号	用途	最大整流电流（平均值）/mA	最大反向电压（峰值）/V	最大反向电流/μA	最大整流电流下的正向压降/V
2CP10	面结型硅管，在频率 50 kHz以下的电子设备中用于整流	5~100	25	≤5	≤1.5
2CP11			50		
2CP12			100		
2CP21A	面结型硅管，在频率 3 kHz以下的电子设备中用于整流	300	50	≤250	≤1
2CP21			100		
2CP22			200		
2CP3A	面结型硅管，在频率 3 kHz以下的电子设备中用于整流	300	200	≤5	≤1
2DP3B			400		
2DP3C			600		
2DP4A	面结型硅管，在频率 3 kHz以下的电子设备中用于整流	500	200	≤5	≤1
2DP4B			400		
2DP4D			800		
2DP5A	面结型硅管，在频率 3 kHz以下的电子设备中用于整流	1 000	200	≤5	≤1
2DP5B			400		
2DP5C			600		

续表

型号	用途	最大整流电流（平均值）/mA	最大反向电压（峰值）/V	最大反向电流/μA	最大整流电流下的正向压降/V
2DP5D	面结型硅管，在频率 3 kHz 以下的电子设备中用于整流	1 000	800	≤5	≤1
2DP5E			100		
2DP5F			1 200		
2CZ82A	在频率 3 kHz 以下的电子设备中用于整流	100	25	≤5	≤1
2CZ82B			50		
2CZ82C			100		
2CZ82D			200		
2CZ82E			300		
2CZ82F			400		

稳压二极管的参数如表 C-1-3 所示。

表 C-1-3　稳压二极管的参数

型号	用途	稳定电压/V	动态电阻/Ω	电压温度系数/（%/℃）	最大稳定电流/mA	耗散功率/W
2CW1	在电子仪器仪表中作稳压用	7～85	≤6	≤0.07	33	0.28
2CW2		8～9.5	≤10	≤0.08	29	
2CW3		9～105	≤12	≤0.09	26	
2CW4		10～12	≤15	≤0.095	23	
2CW5		115～14	≤18	≤0.095	20	
2CW7	在电子仪器仪表中作稳压用	25～35	≤80	−0.06～+0.02	71	0.24
2CW7A		32～45	≤70	−0.05～+0.03	55	
2CW7B		4～55	≤50	−0.04～+0.04	45	
2CW7C		5～65	≤30	−0.03～+0.05	38	
2CW7D		6～75	≤15	0.06	33	
2CW7E		7～85	≤15	0.07	29	
2CW7F		8～95	≤20	0.08	26	
2CW7E		9～105	≤25	0.09	23	
2CW7F		10～12	≤30	0.095	20	
2CW21	在电子仪器仪表中作稳压用	3～45	≤40	≥0.8	220	1
2CW21A		4～4.5	≤30	−0.06～+0.04	180	
2CW21B		5～65	≤15	−0.03～+0.05	160	
2CW21C		6～75	≤7	−0.02～+0.06	130	
2CW21D		7～85	≤5	≤0.08	115	
2CW21E		8～95	≤7	≤0.09	105	
2CW21F		9～105	≤9	≤0.095	95	

型号	用途	稳定电压/V	动态电阻/Q	电压温度系数/（%/℃）	最大稳定电流/mA	耗散功率/W
2CW21G	在电子仪器仪表中作稳压用	10～12	≤12	≤0.095	80	1
2CW21H		115～14	≤16	≤0.10	70	
2DW7A	在电子仪器仪表中作精密稳压用（可作双向稳压管用）	5.8～6.6	≤25	0.005	30	0.2
2DW7B		5.8～6.6	≤15			
2DW7C		6.1～65	≤10			
2DW12A	在电子仪器仪表中作稳压用	5～65	≤20	−0.03～0.05		0.25
2DW12		6～75	≤10	0.01～0.07		
2DW12C		7～85	≤10	0.01～0.08		
2DW12D		8～9.5	≤10	0.01～0.08		
2DW12E		9～115	≤20	0.01～0.09		
2DW12F		11～135	≤25	0.01～0.09		
2DW12G		13～165	≤35	0.01～0.09		
2DW12H		16～205	≤45	0.01～0.1		

开关二极管的参数如表 C-1-4 所示。

表 C-1-4　开关二极管的参数

型号	用途	最大整流电流/mA	最大反向电压/V	反向击穿电压/V	零偏压电容/pF	反向恢复时间/ns
2CK1	台面型硅管，用于脉冲及高频电路中	100	30	＞40	＜30	＜150
2CK2			60	＞80		
2CK3			90	＞120		
2CK4			120	＞150		
2CK5			180	＞180		
2CK6			210	＞210		
2CK22A	外延平面型硅管，用于开关、脉冲及超声高频电路中	10	10		≤3	≤5
2CK22B		10	20			
2CK22C		10	30			
2CK22D		10	40			
2CK22E		10	50			
2CK23A		50	10			
2CK23B		50	20			
2CK23C		50	30			
2CK23D		50	40			
2CK23E		50	50			

续表

型号	用途	最大整流电流/mA	最大反向电压/V	反向击穿电压/V	零偏压电容/pF	反向恢复时间/ns
2CK42A	平面型硅管，主要用于快速开关、逻辑电路和控制电路中	150	10	≥15	≤5	≤6
2CK42B			20	≥30		
2CK42C			30	≥45		
2CK42D			40	≥60		
2CK42E			50	≥75		
2CK43A	外延平面型硅管，主要用于高速电子计算机、高速开关、各种控制电路、脉冲电路中	10	10	≥15	≤1.5	≤2
2CK43B			20	≥30	≤1.5	≤2
2CK43C			30	≥45	≤1.5	≤2
2CK43D			40	≥60	≤1.5	≤2
2CK43E			50	≥75	≤.5	≤2
2CK44A			10	≥15	≤5	≤2
2CK44B			20	≥30	≤5	≤2
2CK44C			30	≥45	≤5	≤2
2CK44D			40	≥60	≤5	≤2
2CK44E			50	≥75	≤5	≤2

4. IN 系列塑封（玻封）二极管

近年来，塑封（或玻封）硅整流二极管、高速开关硅二极管由于体积小、价格低、性能优良，目前正在迅速取代原 2CZ11、2CZ12 系列的整流管及 2CK 系列的开关管。

1）玻封硅整流二极管

玻封硅整流二极管的工作电流较小，如 IN3074～IN3081 型二极管的额定电流为 200 mA，最大反向电压 U_{RM} 为 150～600 V。

玻封硅整流二极管的典型产品有 IN4001～4007（1 A）、IN5391～5399（1.5 A）、IN5400～5408（3 A），外形如图 C–1–3 所示，靠五色环（通常为白色）的引线为负极。注意，IN4007 也有封装成球形的。

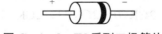

图 C–1–3　IN 系列二极管外形

硅整流二极管与硅检波二极管既有相同点（单向导电性能），又有区别（工作电流大小不同）。因此用万用表检测硅整流二极管时，应首先使用 R×1k 挡检查单向导电性，然后用 R×10 挡复测一次，并测出正向压降 U_F 值。R×1k 挡的测量的电流很小，测出的正向电阻为几 kΩ 至十几 kΩ，反向电阻为无穷大。R×10 挡测量的电流较大，正向电阻应为几至几十 Ω，反向电阻仍为无穷大。

常见 IN 系列玻封硅整流二极管的技术指标见表 C–1–5。

表 C-1-5　常见 IN 系列玻封硅整流二极管的技术指标

型号＼参数	最大反向电压 U_{RM}/V	额定电流 I_F/A	最大正向压降 U_{FM}/V	最高结温 $T_{iM}/°C$	封装形式	国内参考型号
1N4001	50					
1N4002	100					
1N4003	200					2CZ11～2CZ11J
1N4004	400	1.0	≤1.0	175	D0-41	2CZ55B-M
1N4005	600					
1N4006	800					
1N4007	1 000					
1N5391	50					
1N5392	100					
1N5393	200					
1N5394	300					
1N5395	400	1.5	≤1.0	175	D0-15	2CZ86B-M
1N5396	500					
1N5397	600					
1N5398	800					
1N5399	1 000					
1N5400	50					
1N5401	100					
1N5402	200					
1N5403	300					2CZ12～2CZ12J
1N5404	400	3.0	≤1.2	170	D0-27	2DZ2～2DZ2D
1N5405	500					2CZ56B-M
1N5406	600					
1N5407	800					
1N5409	1 000					

2）玻封高速开关硅二极管

高速开关硅二极管具有良好的高频开关特性，其反向恢复时间 t_{rr} 仅几 ns。由于它的体积很小，价格又非常便宜，所以目前已经广泛用于电子计算机、仪器仪表中的开关电路，还被用到控制电路、高频电路及过压保护电路中。

高速开关硅二极管的典型产品有 IN4148、IN4448。二者除零偏压结电容（即反向偏压 $U_R=0$ 时的结电容）值略有差异之外，其他技术指标完全相同，其技术指标见表 C-1-6。这两种二极管均采用 DO-35 玻封形式。通常靠近黑色环的引线为负极。IN4148、IN4448 可以替代国产 2CK43、2CK442、2CK70～2CK73、2CK75、2CK77、2CK83 等型号的开关二极管。

表 C-1-6　两种常用玻封高速开关硅二极管的技术指标

型号＼参数	最大反向电压 U_{RM}/V	反向击穿电压 U_{BR}/V	最大正向压降 U_{FM}/V	最大正向电流 I_{FM}/mA	平均整流电流 I_d/mA	反向恢复时间 t_{rr}/ns	最高结温 $T_{iM}/°C$	零偏压结电容 C_0/pF	最大功耗 P_M/mW
1N4148	75	100	≤1	450	150	4	150	4	500
1N4448	75	100	≤1	450	150	4	150	5	500

5. 稳压二极管

1）稳压二极管的特性与外形

稳压二极管是采用特殊工艺制成的一种齐纳二极管。和普通硅二极管相比，其主要特点是反向击穿特性非常陡直，且击穿电压值利用工艺可以控制，以形成系列。稳压二极管的伏安特性及外形图如图 C-1-4 所示。

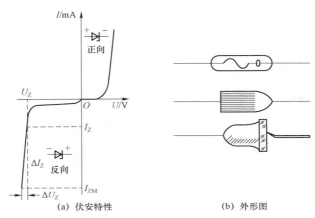

(a) 伏安特性　　　　　　　(b) 外形图

图 C-1-4　稳压二极管的特性与外形图

2）稳压二极管的主要参数

（1）稳定电压。

稳定电压 U_Z 是稳压二极管正常工作时管子两端保持基本不变的电压值。不同型号的稳压二极管具有不同的稳压值，对同一型号的稳压二极管，由于工艺的离散性，会使其稳压值不完全相同，如表 C-1-7 所示。

表 C-1-7　常用稳压二极管的型号及部分参数

新型号	旧型号	稳定电压/V	最大工作电流/mA
2cw50	2cw9	1～2.8	33
2cw51	2cw10	2.5～3.5	71
2cw52	2cw11	3.2～4.5	55
2cw53	2cw12	4～5.8	41
2cw54	2cw13	5.5～6.5	38
2cw55	2cw14	6.2～7.5	33
2cw56	2cw15	7～8.8	27
2cw57	2cw16	8.5～9.5	26
2cw58	2cw17	9.2～10.5	23
2cw59	2cw18	10～11.8	20
2cw60	2cw19	11.5～12.5	19

新型号	旧型号	稳定电压/V	最大工作电流/mA
2cw61	2cw19	12.5～14	16
2cw62	2cw20	13.5～17	14
2cw72	2cw1	7～8.8	29
2cw73	2cw2	8.5～9.5	25
2cw74	2cw3	9.2～10.5	23
2cw75	2cw4	10～12	21
2cw76	2cw5	11.5～12.5	20
2cw77	2cw5	12～14	18

（2）稳定电流 I_Z。

稳压二极管在稳压范围内的正常工作电流称为稳定电流 I_Z，而允许长期通过的最大电流称为最大稳定电流 I_{ZM}。在使用时，I_Z 应小于 I_{ZM}，以防止稳压二极管因电流过大而造成热损坏。

（3）动态电阻 R_Z。

在稳定电压范围内，稳压二极管两端电压变量与稳定电流变量的比值为动态电阻，即

$$R_Z = \Delta U_Z / \Delta I_Z$$

动态电阻是表征稳压二极管性能好坏的重要参数之一，R_Z 越小，稳压二极管的稳压特性越好。

（4）电压温度系数 C_{TV}。

温度变化 1 ℃所引起二极管两端电压的相对变化量，即为电压温度系数，即

$$C_{TV} = \frac{\Delta U_Z / U_Z}{\Delta T}$$

一般稳定电压在 6 V 以上的二极管，其 C_{TV} 为正（正温度系数）；稳定电压低于 6 V 则 C_{TV} 为负（负温度系数）；稳定电压为 5～6 V 的二极管的 C_{TV} 近于零，即其稳压值受温度影响最小。

（5）最大允许耗散功率 P_{ZM}。

反向电流通过稳压二极管时，稳压二极管本身消耗功率的最大允许值即为最大允许耗散功率。

6. 发光二极管

发光二极管（LED）是用 PN 结把电能转换成光能的一种器件。按其发光波长，可分为激光二极管、红外发光二极管与可见光发光二极管，其中，可见光发光二极管常简称为普通发光二极管。下面仅介绍后两种半导体发光二极管。

1）普通发光二极管

普通发光二极管的符号及外形如图 C-1-5 所示。当给这种二极管加 2～3 V 正向电压时，只要有正向电流通过，它就会发出可见光，通常有红光、黄光、绿光及单色白光等。

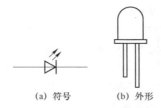

(a) 符号　　　　(b) 外形

图 C－1－5　普通发光二极管的符号及外形

小电流发光二极管的工作电流不宜过大,最大工作电流为 50 mA,正向起辉电流大约为 1 mA。测试电流为 10～30 mA。工作电流过大,发光亮度高,但长期连续使用,容易使发光二极管亮度衰退,降低使用寿命。由于选用的材料和工艺不同,发光二极管正向压降值也不同,一般压降在 1.5～3 V 范围内。发光二极管的反向耐压一般小于 6 V,最高不超过十几 V,这是不同于一般硅二极管的,使用时应注意。

2）红外发光二极管

红外发光二极管发出的光波是不可见的,它发出光的峰值波长为 940 nm,居红外波段,与一般半导体硅光敏器件的峰值波长 900 nm 相近,甚为匹配。从波长角度看,选用红外发光二极管来触发硅光敏器件是最理想的。

红外发光二极管的符号与外形与普通发光二极管（LED）相同,在正向电压下工作,红外发光管是电流控制器件,使用中应焊接一只限流电阻器,驱动方式与 LED 基本相同。表 C－1－8 列出几种红外发光二极管的主要参数。

表 C－1－8　几种红外发光二极管的主要参数

主要参数	代号	TLN107	TLN104	HG310	HG450	HG520	BT401
正向工作电流	I_F	50	60	50	200	（3）	40
峰值电流	I_FP	600	600				
反向击穿电压/V	U_R	>5	>5	≥5	5		5
管压降/V	U_F	<1.5	<1.5	≤1.5	≤1.8	≤2.0	1.3
反向漏电流/μA	I_R	<10	<10	≤50	≤100		100
光功率/nW	P_O	>1.5	>2.5	1～2	5～20	100～550	1～2
光波长/nm	λ_P	940	940	940	930	930	940
最大功率/nW	P_M			75	360	≈（6）	100

C.1.2　半导体三极管

半导体三极管又叫做晶体三极管,简称三极管。它由两个做在一起的 PN 结连接相应电极后封装而成。三极管的结构及符号如图 C－1－6 所示。

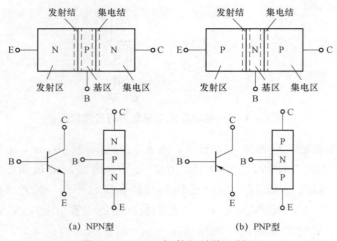

(a) NPN型　　　　　　　(b) PNP型

图 C-1-6　三极管的结构及符号

　　目前，我国生产的硅三极管多为 NPN 型，而锗三极管多为 PNP 型。三极管的分类方法很多：按半导体材料分有锗管、硅管；按结构分有点接触型、面接触型；按生产工艺分有合金型、扩散性、台面型和平面型；按工作频率分有低效管、高频管和开关管；按外形分有金属封装、塑料封装；按功率分有小功率、中功率、大功率；按导电特性分有 PNP 管、NPN 管。部分半导体三极管的技术参数列于表 C-1-9～C-1-12，供读者选用三极管时参考。各参数的物理意义参见相关器件的使用说明书。

表 C-1-9　部分高频小功率三极管的主要参数

型号	$I_{CEO}/\mu A$	h_{FE}	$U_{(BR)CEO}/V$	f_T/MHz	I_{CM}/mA	P_{CM}/mW
3CG5A-F	≤1	≥20	≥15	≥30	50	500
3CG3A-E	≤1	≥20	≥15	≥50	50	300
3CG15A-D	≤0.1	≥20	≥15	≥600	50	300
3CG21A-G	≤1	40～200	≥15	≥100	50	300
3CG23A-G	≤1	40～200	≥15	≥60	150	700
3CG6A-D	≤0.1	10～200	≥15	≥100	20	100
3CG8A-D	≤1	≥10	≥15	≥100	20	200
3CG12A-C	≤1	20～200	≥30	≥100	300	700
3CG7A-F	≤5	≥20	60～250	≥100	500	1 000
3CG30A-D	≤0.1	≥30	≥12	400～900	15	100
3CG56A-B	≤0.1	≥20	≥20	≥500	15	100
3CG79A-C	≤0.1	≥20	≥20	≥600	20	200
3CG80	≤0.1	≥30	≥20	≥600	30	100
3CG83A-E	≤50	≥20	≥100	≥50	100	1 000
3CG84	≤0.1	≥30	≥20	≥600	15	100
3CG200-203	≤0.5	20～270	≥15	≥100	20	100
3CG253-254	≤0.1	30～220	≥20	≥400	15	100
3CG300	≤1	55～270	≥18	≥100	50	300

续表

型号	$I_{CEO}/\mu A$	h_{FE}	$U_{(BR)CEO}/V$	f_T/MHz	I_{CM}/mA	P_{CM}/mW
3CG380	≤0.1	≥40	≥30	≥100	100	300
3CG388	≤0.1	≥40	≥25	≥450	50	300
3CG415	≤0.1	40～270	≥150	≥80	50	800
3CG471	≤0.1	40～270	≥30	≥50	1 000	800
3CG732	≤0.1	≥40	≥50	≥150	150	400
3CG815	≤0.1	40～270	≥45	≥200	200	400
3CG945	≤0.1	40～270	≥40	≥100	100	250
3CG1815	≤0.1	≥40	≥50	≥100	150	400

表 C-1-10　部分低频大功率三极管的主要参数

型号	P_{CM}/W	I_{CM}/A	I_{CEO}/mA	h_{FE}	$U_{(BR)CBO}/V$	$U_{(BR)CEO}/V$
3CD30A～E	300	30	≤3	≥10	30～150	≥3
3CD010A～D	75	10	≤1	≥20	20～80	≥5
3CD020A～D	200	25	≤3	≥20	20～80	≥5
3CD050A～D	300	50	≤3	≥20	20～80	≥5
CD568A～B	1.8	1	≤0.015	55～270	≥100	≥6
CD715B	1.8	3	≤0.02	≥55～270	≥35	≥5
3CF3A	30	7	≤2	≥10～60	40～240	≥4
CS11～12	10	1	≤0.5	30～250	≥30	≥4
CS15～16	15	1.5	≤0.1	40～200	≥100	≥5
CS35～36	30	3	≤0.1	40～200	≥100	≥5
3DD12A～D	50	5	≤1	25～250	≥150	≥4
3DD12E	50	5	≤1	≥10	700	≥6
3DD13A～G	50	2	≤1	≥20	150～1 200	≥4
3DD15A～F	50	5	≤1	≥20	60～500	≥4
3DD100A～E	20	1.5	≤0.2	≥20	150～350	≥5
3DD205	15	1.5	≤0.5	40～200	≥200	≥5
3DD207	30	3	≤0.1	40～250	≥200	≥4
3DD301A～D	25	5	≤0.5	≥15	≥80	4～6
DD01A～F	15	1	≤0.5	≥20	100～400	≥5
DD03A～C	30	3	≤1	25～250	30～250	≥5

表 C-1-11　部分高频大功率三极管的主要参数

型号	$I_{CEO}/\mu A$	h_{FE}	$U_{(BR)CEO}/V$	f_T/MHz	I_{CM}/mA	P_{CM}/mW
3DA87A～E	≤5	≥20	80～300	40～100	100	1 000
3DA88A～E	≤5	≥20	80～300	≥40	100	2 000

型号	$I_{CEO}/\mu A$	h_{FE}	$U_{(BR)CEO}/V$	f_T/MHz	I_{CM}/mA	P_{CM}/mW
3DA93A～D	≤5	≥20	80～250	≥100	100	1 000
3DA150	≤2	≥30	≥100	≥50	100	1 000
3DA151	≤10	≥30	≥100	≥50	100	1 000
3DA152	≤0.2	30～250	≥30	≥10	300	3 000

表 C-1-12　通用三极管的主要参数

型号	极性	P_{CM}/mW	I_{CM}/mA	$U_{(BR)EO}/V$	$U_{(BR)EBO}/V$	$I_{CBO}/\mu A$	$I_{CEO}/\mu A$	$V_{CE(sat)}/V$	h_{FE}	f_T/MHz	封装形式
S9011	NPN	400	30	30	5	0.1		0.3	30～200	150	TO-92
S9012	NPN	625	500	20	5	0.1		0.6	60～300		TO-92
S9015	NPN	450	100	45	5	0.05		0.7	60～600	100	
S9016	NPN	400	25	20	5	0.05		0.3	30～200	400	
S9018	NPN	400	50	15	4	0.05		0.5	30～200	700	TO-92
MPSA92	NPN	600	500	300	5	0.1		0.5	40	50	TO-92S
SC8050	NPN	300	700	20	5	0.1		0.5	60～300	150	TO-92S
SC3904	NPN	300	200	60	5	0.1		0.3	100～300	300	
SC4401	NPN	300	600	40	6	0.1		0.4	100～300	250	
SC1950	NPN	300	500	35	5	0.1		0.25	70～240	300	TO-92S
SC2999	NPN	150	30	25	5	0.1			40～200	450	TO-92S
SA8500	PNP	300	700	25	5	1		0.5	60～300	150	
SA5401	PNP	300	600	150	5	0.01		0.5	60～240	100	TO-92S
SA1050	PNP	300	150	150	5	0.1		0.25	70～700	80	TO-92S
SA608	PNP	300	100	30	5	1		0.5	60～560	80	
S8050	NPN	1 000	1 500	25	6	0.1		0.5	85～300	100	TO-92S
S8550	PNP	1 000	1 500	25	6	0.1		0.5	85～300	100	
E8050	NPN	625	700	25	5	1		0.5	60～300	150	TO-92S
E8550	PNP	625	700	25	5	1		0.5	60～300	150	
2N5551	NPN	625	600	160	6	0，05		0.2	80～250	100	TO-92S
2N5401	PNP	625	600	150	5	0.05		0.5	60～240	100	TO-92S
2SC2258	NPN	1 000	100	35	7	1.0	1.0	1.2	40	100	TO-92S
A608	PNP	400	100	30	5.0	0.1	1.0	0.5	60～560	180	TO-92
C815	NPN	400	200	45	5.0	0.1	0.5	0.5	40～400	200	TO-92
C1959	NPN	500	500	30	5.0	0.1	0.5	0.25	70～240	300	TO-92
A562TM	PNP	500	500	30	5.0	0.1	1.0	0.25	100～600	200	TO-92
338	NPN	600	10 000	25	5.0	0.1	1.0	0.7	100～600	100	TO-92
328	PNP	600	10 000	25	5.0	0.05	1.0	0.7	100～300	100	TO-92

型号	极性	P_{CM}/mW	I_{CM}/mA	$U_{(BR)EO}$/V	$U_{(BR)EBO}$/V	I_{CBO}/μA	I_{CEO}/μA	$V_{CE(sat)}$/V	h_{FE}	f_T/MHz	封装形式
8050	NPN	800	10 000	25	5.0	0.05	1.0	0.5	100~300	300	TO-92
8550	PNP	800	10 000	25	6.0	0.1	1.0	0.5	85~340	300	TO-92
C1383	NPN	10 000	10 000	25	6.0	0.1	1.0	0.4	85~340	200	TO-92L
A683	PNP	10 000	10 000	25	5.0	0.1	1.0	0.4	100~320	200	TO-92L
A966	PNP	900	1 500	30	5.0	0.01	0.1	2.0	100~300	100	TO-92L
222A	NPN	400	600	40	5.0	0.1	0.1	1.0	100~300	300	TO-92
3904	NPN	625	200	40	6.0	0.1	0.1	0.3	100~300	300	TO-92
3906	PNP	625	20	40	6.0	0.05	1.0	0.4	80~250	250	TO-92
5551	NPN	625	600	160	5.0	0.05	1.0	0.2	60~240	100	TO-92
5401	PNP	625	600	150	6.0	0.1	1.0	0.5	>40	100	TO-92
SA42	NPN	625	500	300	5.0	0.25	1.0	0.5	>40	50	TO-92
SA92	PNP	625	500	300	8.0	1.0	1.0	0.5	30~150	50	TO-92
C2482	NPN0	900	100	300	8.0	1.0	1.0	1.0	40~200	50	TO-92
C2271	NPN	900	100	300	5.0	0.1	0.5	0.6	70~240	50	TO-92
C2229	NPN	800	50	150	5.0	0.1	1.0	0.5	40~250	120	TO-92
C1008	NPN	800	700	60	8.0	0.1	1.0	0.7	80~240	50	TO-92
A708	PNP	800	700	60	5.0	0.1	0.1	0.7	70~700	100	TO-92
C1815	NPN	400	150	50	5.0	0.1	0.1	0.25	70~400	80	TO-92
A1015	PNP	400	150	50	5.0	0.1	0.1	0.3	90~600	80	TO-92
C945	NPN	250	100	50	5.0	0.1	0.1	0.3	90~600	250	TO-92
A733	PNP	250	100	50	4.0	0.1	0.1	0.3	40~180	180	TO-92
C1674	NPN	250	20	20	3.0	0.1	0.1	0.3	64~202	400	TO-92
9012	PNP	400	500	25	3.0	0.5	0.5	1.0	64~202		TO-92
9013	NPN	400	500	25	3.0	0.5	0.5	1.0	60~103		TO-92
9014	NPN	310	50	18	3.0	0.005	0.1	0.5	60~103	80	TO-92
9015	PNP	310	50	18	3.0	0.005	0.1	0.5	28~198	150	TO-92
9016	NPN	310	20	20	3.0	0.005	0.1	0.5	28~198	600	TO-92
9018	NPN	310	50	12	2.0	0.1	0.1	0.6	106~300	600	TO-92
1702	NPN	600	1 000	25	5.0	0.1	0.1	0.4	20~200		TO-92
1802	PNP	600	1 000	25	5.0	0.1	0.1	0.4	40~240		TO-92
C388ATM	NPN	300	50	25	4.0	0.1	0.1	0.2	60~960	300	TO-92
C2216	NPN	300	50	45	4.0	0.1	0.1	0.2	120~400	300	TO-92
C536	NPN	400	100	30	5.0	1.0	1.0	0.5	60~300	100	TO-92
C2230	NPN	800	100	160	5.0	0.1	0.5	0.5	120~400	50	TO-92
C2383	NPN	900	1 000	160	6.0	1.0	1.0	1.5	60~300	100	TO-92

型号	极性	P_{CM}/mW	I_{CM}/mA	$U_{(BR)EO}$/V	$U_{(BR)EBO}$/V	I_{CBO}/μA	I_{CEO}/μA	$V_{CE(sat)}$/V	h_{FE}	f_T/MHz	封装形式
A1013	PNP	900	1 000	160	6.0	1.0	1.0	1.5	60～300	50	TO－92
C3117	NPN	1 000	1 500	160	6.0	1.0	1.0	0.45	100～400	120	TO－92
A1249	PNP	1 000	1 500	160	6.0	1.0	1.0	0.5	100～400	120	TO－92
2906	PNP	625	600	600	5.0	0.02	0.1	1.6	40～120	200	TO－92
2907	PNP	625	600	600	5.0	0.02	0.1	1.6	100～300	200	TO－92

C.1.3　晶闸管

晶闸管旧称可控硅，有单向晶闸管、双向晶闸管、逆导晶闸管、快速晶闸管、光控晶闸管等多种类型。通常在未加说明的情况下，晶闸管是指单向晶闸管。应用最多的是单向晶闸管和双向晶闸管，下面对其进行简要介绍。

1. 单向晶闸管

1）单向晶闸管的结构特性

单向晶闸管（SCR）广泛用于可控整流、交流调压、逆变器和开关电源电路中，其符号、外形、内部结构及等效电路如图 C－1－7 所示。它有 3 个电极，分别为阳极（A）、阴极（K）和控制极又称门极（G）。

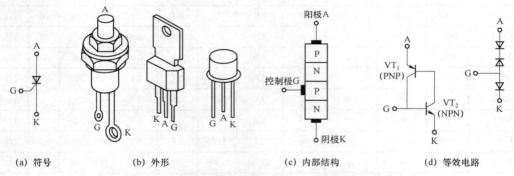

(a) 符号　　　　　　(b) 外形　　　　　　(c) 内部结构　　　　　(d) 等效电路

图 C－1－7　单向晶闸管的符号、外形、内部结构及等效电路

由图可见，单向晶闸管是一种 PNPN 四层半导体器件，其中控制极从 P 型硅层上引出，供触发晶闸管用。晶闸管一旦导通，即使撤掉正向触发信号，仍能维持通态。欲使晶闸管关断，必须使正向电流低于维持电流，或施以反向电压强迫其关断。普通晶闸管的工作条件一般在 400 Hz 以下，随着条件的改变，功耗将增大，器件会发热。快速晶闸管（FSCR）一般可工作在 5 kHz 以上，最高可达 40 kHz。

2）用万用表检测单向晶闸管

（1）判断电极。

由图 C－1－7 可见，在控制极（G）与阴极（K）之间有一个 PN 结，而阳极（A）与控制极（G）之间有两个反向串接的 PN 结。因此，用指针万用表 R×100 挡可首先判定 G 极，具体方法是：将黑表笔接某一电极，红表笔分别接另外两个电极，假如有一次阻值很小，约几百欧姆，而另一次阻值很大，约几千欧姆，就说明黑表笔接的是控制极（G）。在阻值小的那次测量中，红表笔接的是阴极（K），而阻值大的那一次，红表笔按的是阳极（A）。若两次测出的阻值都很大，说明黑表笔接的不是控制极（G），应改测其他电极。

（2）判别质量。

一只好的单向晶闸管，应该是三个 PN 结结构良好，反、正电压能阻断，在阳极（A）加上正向电压的情况下，当控制极（G）开路时亦能阻断；而当控制极（G）加上正向电流时，晶闸管导通，且撤去控制极（G）电流后晶闸管仍维持导通。

① 测极间电阻。先通过测极间电阻检查 PN 结的好坏。由于单向晶闸管由 PNPN 四层三个 PN 结组成，故 A–G、A–K 间电阻都很大。用万用表的最高挡测量，若阻值很小，再换低挡测量，若阻值确实很小，表明被测 PN 结已击穿，是只坏的晶闸管。

② 导通实验。对于小功率晶闸管，所需的触发电流较小，故可用万用表进行导通实验，万用表选 R×1k 挡，黑表笔接 A 极，红表笔接 K 极，这时万用表指针有一定的偏转。将黑表笔在持续保持与 A 极接触的情况下触及 G 极，相当于给 G 极加上一个触发电压，这时万用表指针向阻值小的方向偏转，证明晶闸管已导通，这时若将 G 极脱离黑笔，晶闸管仍处于导通状态，说明晶闸管的导通性能是良好的，否则晶闸管可能是坏的。

2. 双向晶闸管

1）双向晶闸管的结构特性

双向晶闸管旧称双向可控硅，相当于两个单向晶闸管反向并联而成。双向晶闸管的结构、符号及外形如图 C–1–8 所示，从图（a）可以看出，它属于 NPNPN 五层半导体器件，有三个电极，分别称为第一电极（T_1）、第二电极（T_2）、控制极（G），T_1、T_2 又称主电极。双向晶闸管的符号如图 C–1–8（d）所示，图 C–1–8（e）为小功率塑封晶闸管外形。

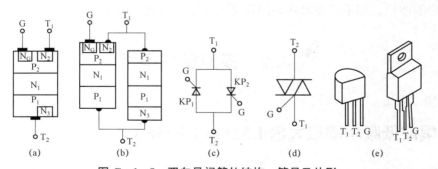

图 C–1–8　双向晶闸管的结构、符号及外形

为了便于说明问题，我们把图 C–1–8（a）看成是由左、右两部分组合而成的，如图 C–1–8（b）所示，这样一来，原来的双向晶闸管就被分解为两个 P–N–P–N 型结构的普通单向晶闸管了。如果把左边从下往上看的 P_1–N_1–P_2–N_2 部分叫作正向的话，那么右边从下往上看的 N_3–P_1–N_1–P_2 部分就成为反向，它们之间正好一正一反地并联在一起，这种联法叫作反向并联。因此，从电路功能上可以把它等效成图 C–1–8（c），即一个双向晶闸管在电路中

的作用和两只普通的单向晶闸管反向并联起来是等效的，这也就是双向晶闸管有双向控制导通特性的根本原因。

对双向晶闸管来说，无所谓阳极和阴极，图 C-1-8（b）中的任何一个主电极，对一个管子是阳极，对另一个管子就是阴极，反过来也一样。因此，双向晶闸管无论主电极加上的是正向电压还是反向电压，它都能被触发导通。不仅如此，双向晶闸管还有一个重要的特点，不管触发信号的特性如何，即不管所加的触发信号电压对 T_1 是正向还是反向，都能触发导通。也就是说，可以用交流信号来作触发信号，把双向晶闸管作为一个交流双向开关使用。

2）用万用表检测双向晶闸管

（1）判断电极。

① 判断 T_2 极。G 极与 T_1 极靠近，距 T_2 极较远，G-T_1 间正、反向电阻都很小。因此，可用万用表的 R×10 挡检测 G、T_1、T_2 中任意两个电极间的正、反向电阻。若测得两个电极间的正、反向电阻都为低阻，约为 100 Ω，则这为 G 极、T_1 极，余者便是 T_2 极。

② 区分 G 极和 T_1 极。找出 T_2 极之后，先假定剩下两脚中某一脚为 T_1 极，另一脚为 G极，将万用表拨至 R×1 k 电阻挡，按下述步骤测试：黑表笔接 T_1 极，红表笔接 T_2 极，电阻为无穷大。按着在红表笔与 T_2 相接的情况下，用红表笔尖把 T_2 与 G 短路，给 G 极加上负触发信号，电阻值变为 10 Ω左右，证明晶闸管已经导通，导通方向为为 T_1—T_2。再将红表笔尖与 G 极脱开（但仍接 T_2 极），如果电阻值保持不变，就表明晶闸管在触发之后能保持导通状态。

红表笔接 T_1 极，黑表笔接 T_2 极，然后在保持黑表笔与 T_2 极继续接触的情况下，使 T_2 极与 G 极短晶闸管路，给 G 极加上正向触发信号，电阻值仍为 10 Ω。与 G 极脱开后，若阻值不变，证明该晶闸管已经导通，导通方向为 T_2—T_1，因此具有双向触发特性。若假定与实际不符，应重新做出假定，重复上述试验，便能判别 G 极与 T_1 极。

（2）判别质量。

在识别 G 极、T_1 极的过程中，已检查了双向晶闸管的触发能力，如果无论怎样对换对 T_1 极、G 极的假设，都不能使双向晶闸管触发导通，则被测晶闸管可能已损坏。

C.2 模拟集成电路

C.2.1 集成低频功率放大器 LM386（F386）

LM386 是一种音频集成功率放大器，具有功耗低、电压增益可调、电源电压范围大、外接元件少、总谐波失真小等优点，广泛应用于录音机和收音机中。

1. LM386 的管脚图

LM386 的管脚排列与功能图如图 C-2-1 所示。管脚 2 为反相输入端，管脚 3 为同相输入端，管脚 5 为输出端；管脚 6 和 4 分别为电源和地，管脚 1 和 8 为电压增益设定端。使用时，在管脚和地之间接旁路电容。

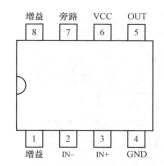

图 C－2－1　LM386 的管脚排列与功能图

2. LM386 的主要性能指标

LM386 的主要性能指标如表 C－2－1 所示。

表 C－2－1　LM386 的主要性能指标

电路类型	电源电压范围/V	静态电源/mA	输入阻抗/kΩ	输出功率/W	电压增益/dB	频率带宽/kHz	增益频率/kHz	总谐波失真/%
OTL	5.0～18	4	50	$(U_{CC}=16\ V$ $R_L=32\ \Omega)$	26～46	300 (1, 8 开路)		0.2%

3. 几种典型应用

1）外接元件最少的用法

图 C－2－2 是 LM386 的一种用法，C_1 为输出电容，由于管脚 1 和 8 开路，集成功放大电路增益为 26 dB，即放大电路倍数为 20，利用 R_W 可调节扬声器的音量，R_1 和 C_2 串联，构成校正网络，用来进行相位补偿。

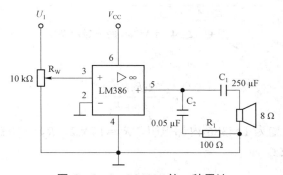

图 C－2－2　LM386 的一种用法

2）电压增益最大的用法

图 C－2－3 为 LM386 电压增益最大的用法。C_3 要在交流通路中短路，使 $A_U \approx 200$，C_4 为旁路电容，C_5 为去耦电容，滤除电源中的高频交流成分。当 $U_{CC}=16\ V$，$R_L=32\ \Omega$ 时，$P_{OM} \approx 1\ W$，但输入电压有效值 U_1 却仅需 28.3 mV。

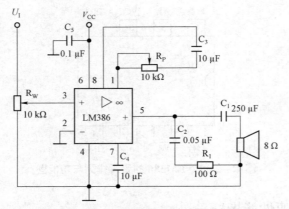

图 C－2－3　LM386 电压增益最大的用法

3）一般用法

图 C－2－4 为 LM386 的一般用法，R_2 改变了 LM386 的电压增益，使其取值范围为 20～200。

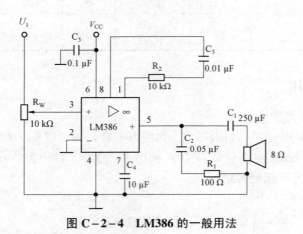

图 C－2－4　LM386 的一般用法

该电路的增益为：

$$A_U \approx \frac{2(R_7//R_2)}{R_5 + R_6}$$

式中，R_7、R_5、R_6 均为 LM386 内部电阻，$R_7 = 15\ k\Omega$，$R_5 = 150\ \Omega$，$R_6 = 1.35\ k\Omega$，R_2 为外接电阻，取 $R_2 = 10\ k\Omega$。

C.2.2　通用型集成运算放大器 F741

通用型集成运算放大器是指它的技术参数比较适中，可满足多数情况下的使用要求。通用型集成运算放大器又分为 I 型、II 型和 III 型，其中 I 型属低增益运算放大器，II 型属中增益运算放大器，III 型属高增益运算放大器。F741 是典型的 III 型集成运算放大器，我国曾将 F741、LM741、UA741、MC1741、HA17441 等归类为通用 III 型集成放大器 F007。

1. 管脚功能图

F741（F007）的管脚排列与功能图如图 C-2-5 所示，为 8 脚双列直插式（也有金属圆壳封装）。管脚 2 为反相输入端，管脚 3 为同相输入端，管脚 6 为输出端，管脚 7 接正电源，管脚 4 接负电源。F741 一般为双电源供电，电源电压范围为 $\pm 12 \sim \pm 15\,V$，管脚 1、5 为调零端，接一只 $10\,k\Omega$ 电位器，采取负电源调零方式。

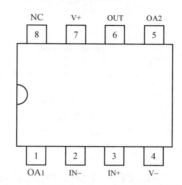

图 C-2-5　F741（F007）的管脚排列与功能图

2. 主要性能参数

F741（F007）的主要性能参数如表 C-2-2 所示。

表 C-2-2　F741（F007）的主要性能参数
（$T_A = 25\,℃$，$U_+ = 15\,V$，$U_- = -15\,V$）

参数名称	符号	单位	测试条件	规格		
				A	B	C
输入失调电压	U_{IO}	mV	$R_L = 100\,\Omega$，$R_F = 10\,k\Omega$	$\leqslant 10$	$\leqslant 5$	$\leqslant 2$
输入失调电流	I_{IO}	mA	$R_S \geqslant 10\,k\Omega$	$\leqslant 0.3$	$\leqslant 0.2$	$\leqslant 0.1$
输入偏置电流	I_{IB}	μA	$R_S \geqslant 10\,k\Omega$	$\leqslant 1$	$\leqslant 0.5$	$\leqslant 0.3$
差模电压增益	A_{VD}	dB	$f = 7\,Hz$，$U_O = 5\,V$，$R_L = 10\,k\Omega$	$\leqslant 86$	$\leqslant 94$	$\leqslant 94$
输出峰-峰电压	U_{OPP}	V	$R_L = 2\,k\Omega$	$\leqslant \pm 10$	$\leqslant \pm 10$	$\leqslant \pm 12$
静态功耗	P_D	mW		$\leqslant 120$	$\leqslant 120$	$\leqslant 120$
共模抑制比	K_{CMR}	dB	$U_I = 5\,V$，$f = 7\,Hz$，$R_L = 10\,k\Omega$	$\geqslant 70$	$\geqslant 80$	$\geqslant 80$
差动输入电阻	R_{ID}	kΩ		500		
单端输出电阻	R_{OS}	Ω		200		
开环带宽	B_W	Hz		7		
共模输入电压范围	U_{ICR}	V		± 12		
最大差模输入电压	U_{IDM}	V		± 30		
输入失调电压温度系数	dV_{IO}	μV/℃		20		
输入失调电流温度系数	dI_{IO}	nA/℃		1		
电源电压抑制比	K_{SVR}	μV/V		100		
电源电压范围		V		$\pm 9 \sim \pm 18$		

3. 标准接线图

F741（F007）的标准接线图如图 C-2-6 所示。由图知，F741 采取负电源调零方式，R_W 的阻值为 10 kΩ。

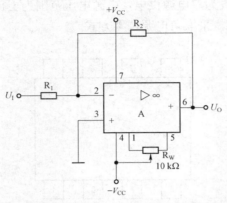

图 C-2-6 F741（F007）的标准接线图

C.2.3 四运算放大器 F324（LM324）

F324（LM324）为通用型四运算放大器，其管脚排列与功能图如图 C-2-7 所示。F324 内有四个结构相同、相互独立的运算放大器。F324 用双电源工作，但也能使用单电源，其电压范围为 3～30 V，并且静态功耗低。当电源电压为 5 V 时，其非线性应用（如接成电压比较器）时的输出电平可与 TTL 器件相容。

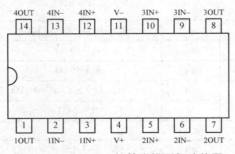

图 C-2-7 F324 的管脚排列与功能图

F324 的性能指标如表 C-2-3 所示。

表 C-2-3 F324 的性能指标

运放类型	电源电压/V	差模输入电压/V	共模输入电压/V	输入失调电压/mV	输入失调电流/nA	差模电压增益/dB	共模抑制比/dB
通用型	3～30 或 ±1.5～±15	$U_- \sim U_+$	$0 \sim U_+ - 1.5$	≤7	≤50	≥87	≥65
				$U_+ = 5$ V，$U_- = 0$			

C.3　数字集成电路管脚排列

1. 74LS 系列集成电路

74LS 系列集成电路的管脚排列与功能图如图 C–3–1～C–3–23 所示。

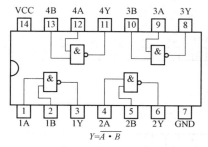

图 C–3–1　74LS00 4–2 输入正与非门

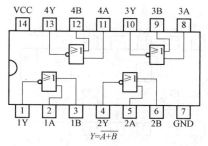

图 C–3–2　74LS02 4–2 输入正或非门

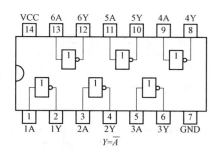

图 C–3–3　74LS04 六反相器

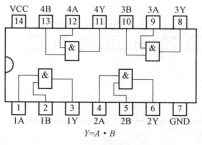

图 C–3–4　74LS08 4–2 输入正与门

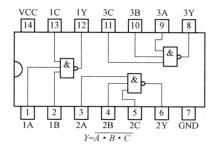

图 C–3–5　74LS10 3–3 输入正与非门

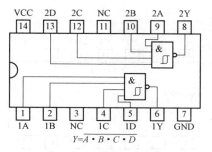

图 C–3–6　74LS13 双 4 输入正与非门
（有施密特触发器）

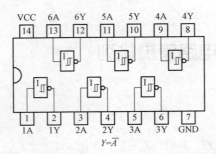

图 C-3-7　74LS14 六反相施密特触发器

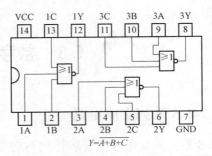

图 C-3-8　74LS27 3-3 输入正或非门

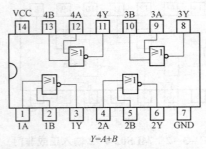

图 C-3-9　74LS32 4-2 输入正或门

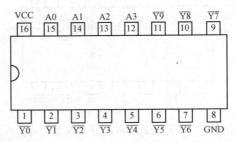

图 C-3-10　74LS42、74LS145 4-10 线译码器

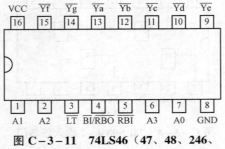

图 C-3-11　74LS46（47、48、246、
247、248、249）BCD 七段译码器/驱动器

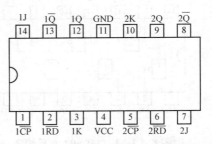

图 C-3-12　74LS73 双下降沿 JK 触发器

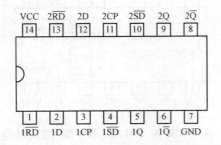

图 C-3-13　74LS74S 双上升沿 D 触发器

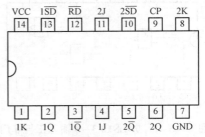

图 C-3-14　74H74 双主从 JK 触发器
（公共时钟、公共清除）

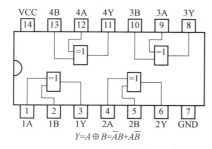

图 C-3-15　74LS86 4-2 输入异或门

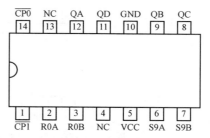

图 C-3-16　74LS90 十进制异步加计数器

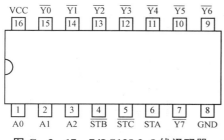

图 C-3-17　74LS138 3-8 线译码器

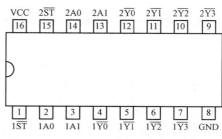

图 C-3-18　74LS139 双 2-4 线译码器

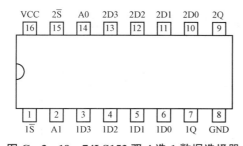

图 C-3-19　74LS153 双 4 选 1 数据选择器

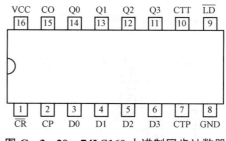

图 C-3-20　74LS160 十进制同步计数器

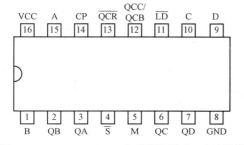

图 C-3-21　74LS190 十进制同步加/减计数器

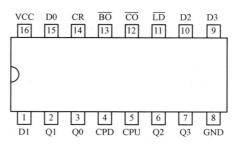

图 C-3-22　74LS192 十进制同步加/减计数器
74LS193 4 位进制同步加/减计数器（双时钟）

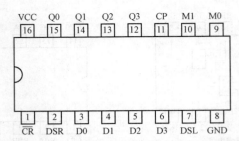

图 C-3-23　74LS194 4 位双向移位寄存器（并行存取）

2. CMOS 集成电路

CMOS 集成电路的管脚排列与功能图如图 C-3-24～C-3-47 所示。

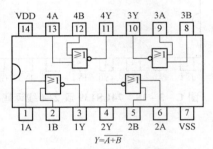

$Y=\overline{A+B}$

图 C-3-24　CD4001 4-2 输入正或非门

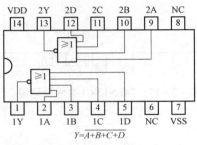

$Y=\overline{A+B+C+D}$

图 C-3-25　CD4002 双 4 输入正或非门

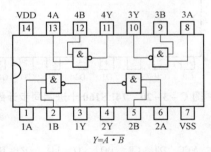

$Y=\overline{A \cdot B}$

图 C-3-26　CD4011 4-2 输入正与非门

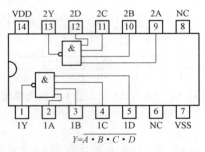

$Y=\overline{A \cdot B \cdot C \cdot D}$

图 C-3-27　CD4012 双 4 输入正与非门

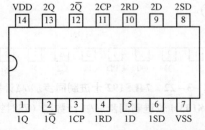

图 C-3-28　4013 双主从型 D 触发器

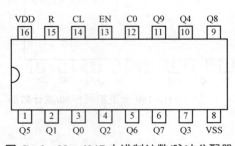

图 C-3-29　4017 十进制计数/脉冲分配器

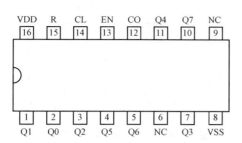

图 C-3-30　4022 八进制计数/脉冲分配器

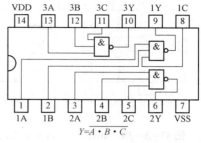

图 C-3-31　4023 3-3 输入正与非门

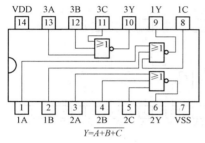

图 C-3-32　4025 3-3 输入正或非门

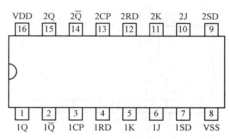

图 C-3-33　4027 双 JK 触发器

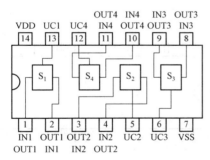

图 C-3-34　4066 四双向模拟开关

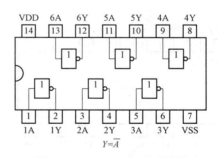

图 C-3-35　4069 六反相器

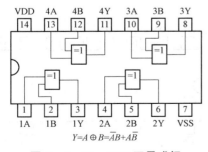

图 C-3-36　4070 四异或门

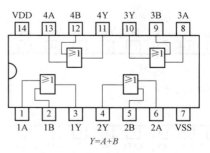

图 C-3-37　4071 4-2 输入正或门

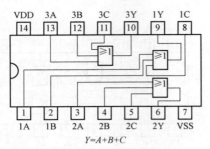

图 C−3−38　4075 3−3 输入正或门

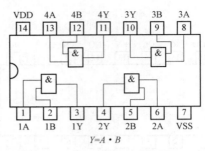

图 C−3−39　4081 输入正与门

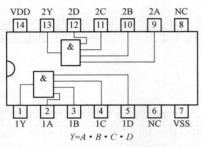

图 C−3−40　4082 双 4 输入正与门

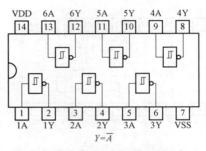

图 C−3−41　40106 六施密特触发器

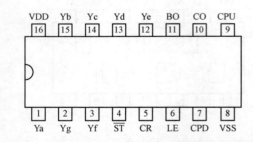

图 C−3−42　40110 计数/锁存/七段译码/驱动器

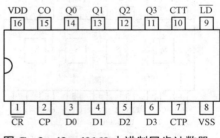

图 C−3−43　40160 十进制同步计数器

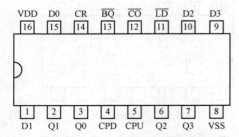

图 C−3−44　40192 十进制同步加/减计数器（双时钟）
40193 4 位二进制同步加/减计数器（双时钟）

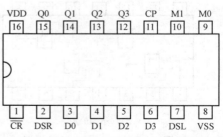

图 C−3−45　40194 4 位双向移位寄存器
（并行存取）

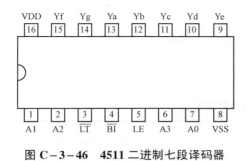

图 C-3-46　4511 二进制七段译码器

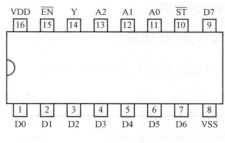

图 C-3-47　4512 8 选 1 数据选择器

C.4　集成定时器 555（556）、7555（7556）

555 是一种模拟、数字混合式单定时器电路，外接适当的电阻、电容，就能构成多谐振荡电路、单稳态电路和施密特整形电路。556 是双定时器电路，片内封装有两个独立的 555 电路。采用 CMOS 工艺的定时器（7555、7556），除驱动能力小和最高工作电流小外，其余性能均优于双极型产品 555。

1. 管脚排列

单定时器 555（7555）和双定时器 556（7556）的管脚排列与功能图如图 C-4-1 所示。

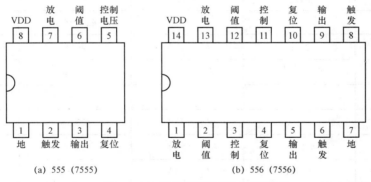

(a) 555（7555）　　　　　　(b) 556（7556）

图 C-4-1　管脚排列与功能图

555 定时器的管脚功能为：1 脚为"地"公共端（GND）；2 脚为"触发"端（TR）；3 脚为"输出"端（OUT）；4 脚为"复位"端 $\overline{\text{RD}}$，当 $\overline{\text{RD}}$ 为低电平时，输出 U_{OUT} 被置成低电平，不受其他状态影响，正常工作时 $\overline{\text{RD}}$ 端应处于高电平；5 脚为"控制电压"输入端（CO），当 5 脚悬空时，电位为 $\frac{2}{3}U_{\text{CC}}$，此端可作为多谐振荡器的压控端，当 CO 端加上交变电压时，控振频率随电压幅值的变化而变化，悬空不用时，常接一只 0.01 μF 电容到地；6 脚为"阈值"端（TH），是比较器的输入端；7 脚为"放电"端，实为内部放电三极管的集电极；

8 脚接电源 VDD。

2. 定时器功能表

555 定时器的功能表如表 C-4-1 所示。

表 C-4-1　555 定时器的功能表

输　入			输　出	
$\overline{RD}$	TH	$\overline{TR}$	OUT	D（T_0 状态）
0	×	×	低	导通
1	$>2/3U_{CC}$	$>1/3U_{CC}$	低	导通
1	$<2/3U_{CC}$	$>1/3U_{CC}$	不变	不变
1	$<2/3U_{CC}$	$<1/3U_{CC}$	高	截止
1	$>2/3U_{CC}$	$<1/3U_{CC}$	高	截止

3. 定时器的特性参数

定时器 CC7555 和 NE555 的特性参数如表 C-4-2 所示。

表 C-4-2　定时器 CC7555 和 NE555 的性能参数表

参数名称	CC7555		NE555	
	参数值	测试条件	参数值	测试条件
电源电压范围	3～18 V		4.5～16 V	
静态电流	120 μA	$U_{CC}=18$ V	≤15	$U_{CC}=15$ V，$R_L \rightarrow \infty$
时间误差	≤5%	$U_{CC}=5\sim15$ V	≤3%	$U_{CC}=5\sim15$ V
触发电压 U_{TR}			4.5～5.6 V	$U_{CC}=15$ V
触发电流 I_{TR}	50 pA	$U_{CC}=15$ V	≤2 μA	$U_{TR}=0$
复位电压 U_R	≤1.3 V	$U_{CC}=5\sim15$ V	≤1 V	$U_{CC}=5\sim15$ V
复位电流 I_R	0.1 μA	$U_{CC}=15$ V	0.4 mA	$U_R=0$，$U_{CC}=15$ V
控制电压 U_{CO}			9～11 V	$U_{CC}=15$ V
额定输出电流（输出）	1 mA	$U_{CC}=15$ V	200 mA	$U_{CC}=15$ V 散热
额定输出电流（吸收）	3.2 mA	$U_{CC}=15$ V	200 mA	$U_{CC}=15$ V 散热
低电平输出电压 U_{OL}	0.1 V	$U_{CC}=15$ V，$I_{OL}=3.2$ mA	≤0.75 V	$U_{CC}=15$ V，$I_{OL}=50$ mA
高电平输出电压 U_{OH}	14.8 V	$U_{CC}=5$ V，$I_{OH}=1$ mA	≥12.75 V	$U_{CC}=15$ V，$I_{OH}=100$ mA
输出上升（下降）时间	40 ns	$R_L=10$ mA，$C_L=10$ pF	100 ns	$C_L=15$ pF
最高振荡频率	≥500 kHz	多谐振荡器	≥500 kHz	多谐振荡器

C.5　集成锁相环 CC4046 与函数信号发生器 ICL8038

C.5.1　集成锁相环 CC4046

锁相环是一种能完成两个电信号相位同步的闭环系统，其原理框图如图 C−5−1 所示。可以看出，锁相环主要由相位比较器（PD）、压控振荡器（VCO）和低通滤波器（LPF）组成。CC4046 锁相环仅由 PD、VCO 两部分组成，需要外接 LPF，才能完成锁相环的功能。

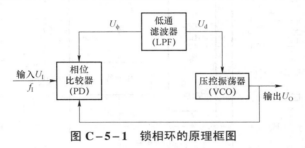

图 C−5−1　锁相环的原理框图

锁相环中的 PD 完成输入信号 U_I 和输出信号 U_O 间的相位比较，输出一个与两信号的相位差成正比的电压 U_ϕ，经 LPF 滤波后，得到原电压的平均值 U_d，U_d 作为 VCO 的控制电压，控制其振荡频率 f_O 向 f_I 靠拢，当 $f_O=f_I$ 时电路进入锁定状态。锁定后，在一定的条件范围内，f_I 改变时，f_O 也随之改变，进而锁定在新的频率 f_I 上。

CC4046 的逻辑框图如图 C−5−2 所示。由图知，CC4046 有两个相位比较器，PD_1 为异或门，若选用 PD_1，则要求输入信号为 50%占空比的方波，以使其输出电压的平均值 U_d 和两个输入信号的相位差成线性关系，并使锁相环有最大的锁定范围。只有当 PH_{I2}（由 VCO 输出引来）输入信号时，PD_1 输出电压平均值为 $\frac{1}{2}U_d$，使 VCO 在中心频率处振荡。PD_1 一般用于调频波解调电路，此时把调频波作为输入信号连到 PH_{I1} 端，在环路入锁后，VCO 输出频率将随输入信号频率变化，即经 LPF 滤除高频的 VCO 控制信号 U_d 是一个与调制信号同步的低频信号，通过内部的源极跟随器，在 DEM_O 端输出。

PD_2 的输出由两个输入信号的上升沿（或下降沿）控制，故选用 PD_2 时，输入信号的占空比可以任意。这种比较器的输出采用三态结构，环路一旦锁定，即当输入信号和输出信号的频率相等且相位相同时，比较器输出呈高阻态，以减少器件功耗。当只有 PH_{I2} 用作比较器的输入信号时，则 VCO 被调整到最低频率上，比较器的输出也呈高阻态。PH_{I2} 还有一个相位脉冲输出端 PH_{O3}，当它为高电平时，表示两输入信号同频率且同相位，锁相环处于锁定状态。

CC4046 中的 VCO 的振荡频率 f_O 与控制信号 U_d 的关系是：

$$f_O=(U_d-U_{GS})/8\,R_1\,C_1+(U_{OD}-2U_{TH})/8\,R_2\,C_1$$

式中，U_{GS} 为开启电压，U_{OD} 为过驱动电压，U_{TH} 为门电路的转换电压，当 $R_1 \geqslant 10\,k\Omega$，

$R_2 \gg R_1$ 时，f_O 和 U_d 基本上成线性关系。

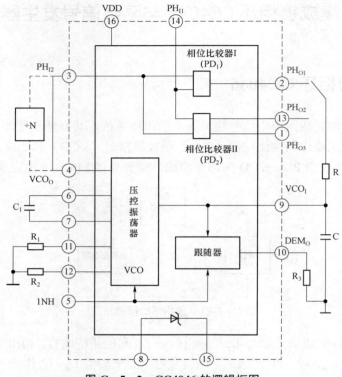

图 C-5-2　CC4046 的逻辑框图

CC4046 的管脚排列与功能图如图 C-5-3 所示，其中 2 脚为 PD_1 的输出端，1 脚和 13 脚为 PD_2 的输出端，选用哪个相位比较器，由外部电阻 R 的连线决定。3 脚和 14 脚为相位比较器的输入端，输入信号 U_I 由 14 脚输入，4 脚为 VCO 的输出端，5 脚为 VCO 的禁止端，当此端接高电压时，禁止 VCO 工作。6 脚和 7 脚间外接电容 C_1，它和在 11 脚、12 脚外接的电阻 R_1、R_2 一样，都是 VCO 的组成部分，9 脚为 VCO 的控制电压输入端，15 脚为内部独立的稳压管的负极，稳压值为 5 V，在和 TTL 匹配时可作为电源用。8 脚为器件的公共地。

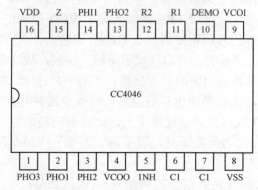

图 C-5-3　CC4046 的管脚排列与功能图

CC4046 主要用于调频信号的解调频率锁定、低频频率合成和伺服马达的稳速等方面。

图 C-5-4 是一个低频频率合成电路的原理图。图中，晶体振荡器的输出经分频器之后输入 CC4046 组成的锁相环，同时，在 CC4046 的 VCO 输出和相位比较器输入间插入可编程分频器（÷N）。则当电路锁定后，输入信号频率 f_1 和输出信号频率 f_O 之间的关系为 $f_1 = f_O/N$，即 $f_O = Nf_1$，当 N 不同时可得到不同频率的输出，其频率稳定度和晶体振荡器一样好。

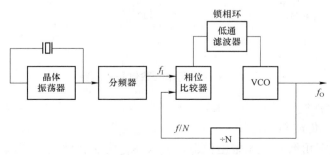

图 C-5-4 低频频率合成电路的原理图

C.5.2 函数信号发生器 ICL8038

在电子技术实验领域，经常需要使用多种不同波形的信号，如正弦波、三角波、方波等。产生这种多波形的信号发生器叫做函数信号发生器。集成电路 ICL8038 是一种性能优良的函数信号发生器专用集成电路，只需外接少量阻容元件，就可以产生正弦波、三角波和方波。其频率范围为 0.001 Hz～300 kHz，方波占空比可调，正弦波失真度可调，工作电压范围宽，输出信号幅度大于 1 V，使用十分方便。图 C-5-5 是 ICL8038 的管脚排列与功能图。

图 C-5-5 ICL8038 的管脚排列与功能图

采用函数信号发生器专用集成电路 ICL8038 组成的简单函数信号发生器，如图 C-5-6 所示。这个电路可同时产生正弦波、三角波和方波，可在 10 Hz～100 kHz 的频率范围内连续变化。

ICL8038 的外围阻容网络由 R_{p1}、C_1～C_4 组成，它们决定了电路的振荡频率；4 个不同挡位的电容决定频率的倍率，而 R_{p1} 完成频率范围的细调，以获得所需要的输出频率。为确保输出波形的对称度及失真度，电阻 R_2、R_3、R_4 要求 ±1% 的精度，图 C-5-6 中的电路在要求不高的场合完全可以满足一般使用。但需要注意的是，该集成电路三种波形的输出信号的电压幅度只有 1 V 左右，且带负载的能力较差，需要续接放大电路才能使输出信号的电压幅度得到提高。

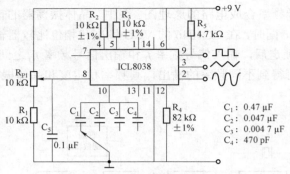

图 C-5-6 简单函数信号发生器

在对信号波形、占空比等参数要求较严格的场合，可以用图 C-5-7 中的电路组成一个方波占空比可调、三角波斜率可调、正弦波失真度可调的增强型函数信号发生器。图中，R_{P2} 为方波占空比及三角波斜率调整电位器，R_{P3}、R_{P4} 为正弦波失真度调整电位器。

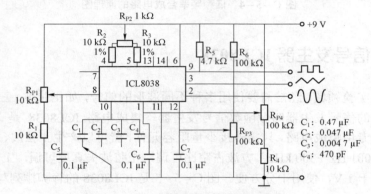

图 C-5-7 增强型函数信号发生器

附录 D 电磁继电器

电磁继电器是自动控制电路中的一种常用元件，它可以用较小的电流控制较大的电流，在电路中起到自动开关的作用，因此广泛应用于电子设备中。电磁继电器通常由一个线圈、一个铁芯和一组或几组带触点的簧片组成。触点有动触点和静触点之分，在工作过程中能够动作的称为动触点，不能动作的称为静触点。

下面就电磁继电器的结构、工作原理、电气参数、特性参数及应用做简要介绍。

1. 电磁继电器的结构及工作原理

电磁继电器是以电磁系统为主体构成的，其结构和符号如图 D–1 所示。电磁继电器成本较低，便于在面包板上使用。

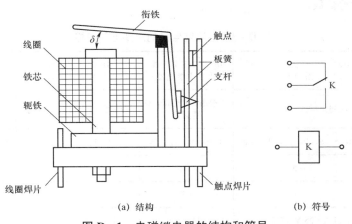

|(a) 结构 | (b) 符号|

图 D–1 电磁继电器的结构和符号

当电磁继电器线圈通以电流时，在铁芯、轭铁、衔铁和工作气隙之间形成磁通回路，从而使衔铁受到电磁铁吸力的作用而吸向铁芯，此时衔铁带动支杆将板簧推开，使一组或几组常闭触点断开（也可以使常开触点闭合）。当切断电磁继电器线圈的电流时，电磁力失去，衔铁在板簧的作用下复位，触点闭合。

在电路中，表示继电器时只要画它的线圈和与控制电路有关的触点组就可以了。继电器的线圈用一个长方框符号表示，同时在长方框内或框旁标上这个继电器的文字符号"K"。继电器的触点有两种表示方法：一种是把它直接画在长方框的一侧，这样做比较直观；另一种是根据电路连接的需要，把各个触点分别画在各自的控制电路中，这样有利于分析和理解电路。当必须同时在属于同一继电器的线圈和触点旁边做标注时，应标注相同的文字符号，并对触点组编号。表 D–1 列出了继电器线圈符号和触点符号。按有关规定，在电路中，触点组的画法应按线圈不通电时的原始状态画出。

表 D-1　继电器线圈符号和触点符号

继电器线圈符号	继电器触点符号		
K	K-1	动合触点（常开触点）	
	K-2	动断触点（常闭触点）	
	K-3	切换触点（转换触点）	
K1	K1-1	K1-2	K1-3
K2	K2-1	K2-2	

2. 电磁继电器的主要电气参数

继电器的主要参数在继电器生产厂家提供的产品手册或产品说明书中有详尽的说明。在继电器的许多参数中，一般只要弄清其中的主要电气参数就可以了。表 D-2 中列出了电磁继电器的主要电气参数。

表 D-2　电磁继电器的主要电气参数

继电器型号	JRC-19F 超小型小功率继电器	JRC-21F 超小型小功率继电器	JRX-13F 小型小功率继电器	JZC-21F 超小型中功率继电器
特点	双列直插式，有塑封型	体积小，价格低，有塑封型	灵敏度高，规格、品种多	塑封型，高品质
线圈电压/V	3，5，6，9，12，24，48	3，6，9，12，24	6，9，12，18，24，48	3，5，6，9，12，24，48
线圈消耗功率/W	0.5	0.36	0.4	0.36
触点形式	2 Z	1 Z	2 Z	1 H，1 Z，1 D
寿命/次	1 A×28 V（DC）1×10⁵	1 A×24 V（DC）1×10⁵	1 A×28 V（DC）1×10⁶	3 A×28 V（DC）1×10⁵
质量/g	<6	<3	<25	<16
外形尺寸/（mm×mm×mm）	21×10.5×12	15×10×10.2	26×20×28	22×16×24

1）线圈供电方式和功率

它是指继电器线圈使用的是直流电还是交流电，以及线圈消耗的额定电功率。例如，JZC-21F 型继电器，它的线圈电源为直流电，线圈消耗的额定功率为 0.36 W。

2）线圈电压

它是指继电器正常工作时线圈需要的电压值。同型号的继电器的构造大体相同，为了使同一型号的继电器能适应不同的电路，同型号继电器通常有多种额定工作电压或额定工作电流可供选择，并用规格号加以区别。例如，"JZC-21F/006-1Z"中的"006"即为规格号，表示额定工作电压为 6 V，又如，"JZC – 21F/048 – LZ"中的"048"是规格号，表示额定工作电压为 48 V。

　　3）线圈电阻

　　它是指线圈的电阻值。有时，手册中只给出某型号继电器额定工作电压和线圈电阻，这时可根据欧姆定律求出额定工作电流。例如，JZC – 21F/006 – 1Z 继电器的电阻为 100 Ω，则额定工作电流 $I = U/R = 6/100 = 0.06$（A）。同样，根据线圈电阻和额定工作电流也可以求出线圈的额定工作电压。

3. 电磁继电器的特性参数

　　电磁继电器的主要特性参数有以下几个。

　　① 额定工作电压或额定工作电流：它是指继电器工作时线圈需要的电压或电流。

　　② 直流电阻：它是指线圈的直流电阻。

　　③ 吸合电流：它是指继电器能够产生吸合动作的最小电流。在实际使用中，要使继电器可靠吸合，给定电压可以等于或略高于额定工作电压。一般不要高于额定工作电压的 1.5 倍，否则会烧毁线圈。

　　④ 释放电流：它是指继电器产生释放动作的最大电流。如果减小处于吸合状态的继电器的电流，当电流减小到一定程度时，继电器恢复到未通电时的状态，这个过程称为继电器的释放动作。释放电流比吸合电流小得多。

　　⑤ 触点负荷：它是指继电器触点允许的电压或电流。它决定了继电器能控制的电压和电流的大小，应用时不能用触点负荷小的继电器去控制大电流或高电压。例如，JRX – 13F 电磁继电器的触点负荷是 0.02 A/12 V，就不能用它去控制 220 V 电路的通断。

4. 电磁继电器的选用

　　选用电磁继电器时，一般应注意以下几点。

　　① 额定工作电压的选择。电磁继电器的额定工作电压应小于或等于控制电路（继电器线圈所在电路）的工作电压。当继电器是用晶体管或集成电路来驱动时，还应计算一下继电器额定工作电流是否在晶体管或集成电路的输出电流范围之内，必要时应增添一只中间继电器。

　　② 触点负荷的选择。加在触点上的电压和电流值不应超过该继电器的触点负荷。

　　③ 触点的数量和种类的选择。同一种型号的继电器一般都有多种触点形式可供选用，使用时应充分利用各组触点。

　　④ 继电器的体积应合乎电路的要求。

　　⑤ 查阅有关手册，找出满足要求的继电器。在电气参数和体积都满足要求的情况下，应选用性价比高的产品。

参 考 文 献

[1] 廖先芸. 电子技术实践与训练. 2 版. 北京：高等教育出版社，2005.

[2] 黄仁欣. 电子技术实践与训练. 北京：清华大学出版社，2004.

[3] 张永枫，李益民. 电子技术基本技能实训教程. 2 版. 西安：西安电子科技大学出版社，2016.

[4] 陈惠，洪志刚. 电子技术实验与实训教程. 长沙：中南大学出版社，2007.

[5] 李思政. 电子技术实训. 西安：西安电子科技大学出版社，2008.

[6] 杨碧石，束慧，陈兵飞. 电子技术实训教程. 2 版. 北京：电子工业出版社，2009.

[7] 童诗白，华成英. 模拟电子技术基础. 5 版. 北京：高等教育出版社，2015.

[8] 阎石，王红. 数字电子技术基础. 6 版. 北京：高等教育出版社，2016.

[9] 杨毅德. 模拟电路. 2 版. 重庆：重庆大学出版社，2004.

[10] 王港元. 电子技能基础. 成都：成都科技大学出版社，1999.

[11] 孙梅生，李美莺，徐振英. 电子技术基础课程设计. 北京：高等教育出版社，1989.